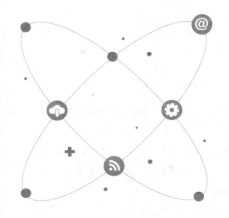

Internet Traffic Engineering Technology and Application

互联网流量工程
技术与应用

唐 宏◎著

U0191536

人民邮电出版社

北 京

图书在版编目（CIP）数据

互联网流量工程技术与应用 / 唐宏著. -- 北京：
人民邮电出版社，2020.7
ISBN 978-7-115-53829-1

Ⅰ. ①互… Ⅱ. ①唐… Ⅲ. ①互联网络—数据处理—
研究 Ⅳ. ①TP393.4

中国版本图书馆CIP数据核字(2020)第064401号

内 容 提 要

本书结合互联网从传统分组交换网络（IP 网络）向软件定义网络（SDN）演进的发展历程，全面讨论了互联网流量工程的基本原理与方法，内容涵盖网络流量的采集与测量、网络流量的分析与预测、网络路由规划与流量调度等相关关键技术。针对分组与多协议标签交换（IP/MPLS）混合网络、软件定义广域网（SD-WAN）和软件定义数据中心网络（SD-DCN）等多个场景，讨论流量工程的主要任务与挑战、实现技术与方法，并给出部分文献案例和应用实例。

本书可供具有一定电信网络技术基础的专业技术人员或者管理人员阅读，也可以作为高等院校相关专业师生的参考读物。

◆ 著　　　　　唐　宏
　　责任编辑　李彩珊
　　责任印制　彭志环

◆ 人民邮电出版社出版发行　　北京市丰台区成寿寺路 11 号
　　邮编　100164　电子邮件　315@ptpress.com.cn
　　网址　https://www.ptpress.com.cn
　　固安县铭成印刷有限公司印刷

◆ 开本：787×1092　1/16
　　印张：13.5　　　　　　　2020 年 7 月第 1 版
　　字数：286 千字　　　　　2020 年 7 月河北第 1 次印刷

定价：108.00 元

读者服务热线：（010）81055493　印装质量热线：（010）81055316
反盗版热线：（010）81055315
广告经营许可证：京东市监广登字 20170147 号

前　言

自 20 世纪 90 年代起，全球陆续进入互联网时代，分组交换 IP 技术成为全球互联网通信的基础性技术，初步构建了当前世界各国的信息化基础设施。由于早期互联网设计的目标是提供"尽力而为"的网络连接服务，并未考虑满足多媒体流量、区分应用等方面的传输保障需求，因此纯自主的 IP 网络难以支持商用服务。为了满足电信运营商的网络运行维护需求，流量工程（traffic engineering）技术应运而生，其基本思想是通过对用户流量的测量与预测，运行相关算法与策略，提前调配和规划网络的资源，以保证用户的服务质量需求及降低网络运维的压力。代表性的技术包括 IP 约束路由、多协议标签交换（MPLS）流量工程等。这些技术的综合应用，在不可靠的 IP 网络上提供了可用的商用服务，为实现基于互联网的数字经济、数字媒体和数字教育等应用奠定了基础。

近年来，各种应用流量的迅猛增长以及新网络服务需求的不断涌现使得传统 IP 网络越来越难以适应新的需求。ITU-T 在 IMT-2020 展望报告中列举了多项当前互联网难以支持的网络服务需求，例如高带宽的沉浸式媒体服务、海量智能设备的并发服务以及可靠的低时延通信服务等；ITU-T 网络技术 2030 观察组（FG NET-2030）的研究报告指出，未来网络应面向工业、教育和医疗等不同的垂直行业提供多样化的、可协调的、可量化的网络服务。因此，电信网络从 IP 网络架构向新型网络架构的转型势在必行。

当前较为公认的网络转型方向是软件定义（software defined）的网络架构，其主要思路是通过部署与整合软件定义网络（SDN）、网络功能虚拟化（NFV）和云计算等新技术，实现网络架构从垂直封闭转向水平开放，完成网络控制与转发的分离及网元软硬件的解耦与虚拟化，实现网络功能的软化、网络结构的云化以及网络运营的智能化。这一阶段的来临为电信网络的深化转型提供了历史性的发展机遇，各国的主要电信运营商纷纷启动其网络转型计划，美国的 AT&T 公司、日本的 NTT DoCoMo 计划在 2020 年实现网络 75% 的运营工作由虚拟化平台控制，欧洲的 Vodafone 公司计划在 2020 年实现 50%的网络功能虚拟化。中国电信也推出了 CTNet2025 的发展规划，计划到 2025 年实现 80%的网络功能虚拟化以及全业务平台云化。

在运营商网络从传统 IP/MPLS 架构向软件定义架构的转型过程中，网络资源的构成与编排方式发生了改变，但是用户流量与网络资源的匹配问题依然存在。因此，对流量工程技术的需求及其应用依然存在，从某种程度上来说，其重要性并未削弱，甚至还有所增强。

首先，经典的面向 IP/MPLS 网络的网络流量工程技术仍将继续发挥作用。由于传统电信网络的既成规模和设备软硬件的封闭性，新技术的推广需要用较长的时间。类比 IPv4 与 IPv6 的推广与应用，可以预期的是，现有的 IP/MPLS 网络与软件定义网络将在一段时间内共存，而网络流量工程相关技术也将继续存在。

其次，网络流量工程的基本原理与方法在新的网络架构下将有所变化。网络流量工程的基本流程是对不同类型的应用流量的需求进行预测及对现有网络资源的运行情况进行测量，通过调配链路带宽等网元资源，满足特定流量的服务质量保证需求。在未来网络架构下，流量工程的基本原理并未改变，但是其内涵和外延将随着网络测量手段、网络资源调配方法的变化而变化，并且发挥基础性的服务配置作用。

本书结合互联网从传统分组交换网络（IP 网络）向软件定义网络（SDN）演进的发展历程，全面讨论了互联网流量工程的基本原理与方法，内容涵盖网络流量的采集与测量、网络流量的分析与预测以及网络路由规划与流量调度等相关关键技术。具体章节说明如下。

第 1 章为绪论，介绍了网络流量工程技术的发展背景、基本构成要素以及简要的发展历程。后续章节可以分为两部分，第 2~6 章面向传统 IP/MPLS 网络，介绍流量工程的几个主要通用技术。第 2 章介绍网络流量的测量与采集技术，包括目前互联网流量的基本测量模式、采集技术以及相关的测量系统。第 3 章介绍网络流量的分析与预测原理，区分网络节点的出口流量、网络内节点间相互访问流量（即网络流量矩阵）两种情况，分别介绍相关的预测和估计的算法。第 4 章在第 3 章的基础上，以某骨干网为例，介绍骨干网节点的出口流量预测方法及其案例以及该骨干网内部流量矩阵的预测方法及其案例。第 5 章介绍传统 IP 网络的流量工程方法，包括 IP 网络路由规划方法和 MPLS 网络中流量调度的方法。第 6 章在第 5 章的基础上，以某骨干网的拓扑和流量条件为例，介绍骨干网中面向负载分流和局部扩容需求的资源分配、链路调度方法的应用案例。从第 7 章开始，本书面向软件定义网络的架构讨论流量工程的新问题。第 7 章重点分析今后流量工程的发展需求，并且介绍软件定义网络不同于 IP 网络的运行机理。第 8 章以软件定义的广域网（SD-WAN）为场景，讨论这种新型网络的资源架构特征，对软件定义的路由资源分配技术、软件定义的流量调度技术等进行讨论，并以日本 NTT UNO 系统和美国微软 SWAN 系统为例介绍其具体实现方案。第 9 章以软件定义的数据中心网络（SD-DCN）为场景，讨论该网络的构成特征，对数据中心网络中的拥塞控制、应用层流量调度等技术进行讨论，最后介绍美国谷歌公司的数据中心间网络、AAN 的数据中心内部网络的具体实现方案。

本书是对 IP 骨干网流量规划工作和相关研究课题的总结和提炼。网络业务流量具有多样性，基于数据中心的运营商网络架构还在持续演进之中，限于作者的认知水平，相关的观点和技术方向不一定准确，错误和遗漏在所难免，欢迎读者不吝赐教。

作 者

2019 年 11 月

目 录

第 1 章

绪论

1.1 技术背景

随着信息与通信技术近几十年来的快速发展，互联网通信链路带宽、网络设备处理能力和终端计算能力快速提高，同时成本急剧降低。受益于信息与通信技术的快速发展和广泛应用，互联网用户数量、应用服务和网络规模持续高速增长。互联网已成为商业、科技、娱乐乃至日常生活所必需的基础设施，它从根本上改变了信息发布、传播、存储、处理的方式，为商业、生活和娱乐带来了极大的便利。作为全球通信基础设施的互联网，构成了一个无国界的信息高速公路网络，承载着各种互联网应用系统及终端用户之间的流量。需要对互联网中的流量传输进行有效的管理控制，才能满足互联网应用系统的需求[1-2]。

1.1.1 网络流量传输管理的挑战

经过多年的持续增长，接入互联网的终端节点数量早已超过 32 位 IPv4 地址空间的极限，相应的地址短缺问题目前主要通过 NAT 扩展私有地址空间解决。思科 VNI（Visual Networking Index）的统计和预测[3]表明，2018 年全球范围内接入互联网的终端设备总数已超过 180 亿个，包括个人电脑、平板电脑、智能手机、物联设备等，预计到 2023 年年底，终端数量有望达到 293 亿个。根据《中国互联网络发展状况统计报告（2019 年 8 月）》[4]，截止到 2019 年 6 月，中国互联网用户数量为 8.54 亿户，超过总人口的 60%。

数目庞大的终端设备和用户产生了海量的数据流量，这些数据需要通过互联网传输。尤其是消耗较高传输带宽的互联网视频和流媒体直播，编码速率已经逼近全高清（1 920 dpi×1 080 dpi），对于互联网流量的增长起到了推动的作用。自 20 世纪 90 年代至今，互联网流量呈指数级的爆炸性增长。思科的分析和预测[3]显示，1992 年全球互联网流量每天总共只有约 100 GB；2002 年流量增至 800 GB；2014 年则达到 16 TB；2015 年全球 IP 流量为每月 72.4 EB（10^{18} byte）；2017 年，全球 IP 流量的年运行率为 1.5 ZB/年，即约 122 EB/月；到 2022 年，全球 IP 流量将达到 4.8 ZB/年，即约 396 EB/月。此外，互联网流量在空间和时间两个维度的分布较为复杂。互联网的巨大规模和庞大的用户数量使得数据流量的空间分布复杂多变，不同区域网段之间的流量及流向有着很大的差别。在时间分布方面，即使是同一网段和链路，流量高峰时段速率（如负载最高的一个小时的平均速率）和平均速率差距明显，而且增长率差别较大。

互联网规模和传输流量的持续快速增长，使得互联网服务提供商（internet service provider，ISP）面对如下 3 个方面的挑战。

（1）有效管理网络资源，以合理的开销提高网络服务质量

基于现有网络基础设施和资源，有效地管理控制网络资源的使用、优化资源利用效率，在最小化资源开销的同时，提高终端用户感知的网络传输服务质量。

（2）增强网络的可用性和生存性

在设备和网络故障或异常流量分布情况下，仍能提供接近正常或较低水平但可接受的传输服务，对于大规模信息通信基础设施非常重要。

（3）不断扩展网络基础设施，以适应持续增长的流量传输需求

面对传输流量的持续增长，ISP 需要周期性或不定期地扩展网络基础设施、扩展或部署更多容量更高的路由交换节点，提高城域网和广域网的链路带宽，拆分和扩容接入网和汇聚网以提高网络的吞吐能力。

1.1.2 常规 IP 网络流量管理的不足

数据流量在 IP 网络中的传输主要受控于网络路由和拥塞控制。网络路由决定了数据流量在网络中从入口至出口的传输路径。IP 网络路由由路由节点运行分布式路由协议各自计算求解，数据分组的转发路径完全取决于路由计算的结果。传输流量速率的调节则取决于 IP 网络的拥塞控制机制。IP 网络的拥塞控制通过源端主动调节数据分组发送速率，或者路由节点主动丢弃数据分组，使得源节点能够以尽可能高同时避免网络拥塞的速率发送数据分组。然而，在流量传输控制方面，IP 网络常规路由和拥塞控制存在下列局限。

（1）常规 IP 路由的不足

IP 网络路由分为域内路由（intra-domain routing）和域间路由（inter-domain routing）：域内路由协议称为内部网关协议（interior gateway protocol，IGP），如 OSPF、IS-IS、RIP；域间路由协议称为外部网关协议（exterior gateway protocol，EGP），主要采用 BGP。

域内路由协议计算网络路由时，是根据路径的长短选择最佳路由的，即在所有可能路

径中选择一条最短的路径，称为最短路径转发（shortest path forwarding，SPF）。不同的域内路由协议采用不同的方法度量路径的长短，如 RIP 采用跳数；OSPF 和 IS-IS 则采用归一化的开销，可将链路物理长度、容量乃至开销考虑在内，形成一个单一的参量。这种最短路径转发显然并未考虑网络流量大小和有效带宽资源。如果多个源与目的网络之间的最短路径在部分路由节点或链路重叠，会使得多条数据流的流量在这些路由节点和链路汇集，容易造成网络拥塞。而开销较低的链路往往会成为多条最短路径的一部分，这种最短路径的重叠会造成流量集于部分节点和链路，进而引发网络拥塞，这种情况在实际 IP 网络中频繁发生。此外，如果网络中一个端到端数据流的流量速率较高，接近甚至超出其最短路径中某个路由器的处理能力或者输出链路容量，也会引起网络拥塞。虽然 OSPF 和 IS-IS 能够利用等价多路径（equal-cost multiple path，ECMP）进行分流，但需要人工配置和干预，很难根据网络流量分布进行自动优化。

域内路由协议完全根据目的网络地址计算路由和转发数据分组，由此带来的问题是难以确定网络入口与出口节点之间的流量矩阵以及链路流量负载中不同入口—出口的数据流贡献比例。但是 IP 网络流量传输控制需要掌握网络入口与出口节点之间的平均流量矩阵以及每条链路的流量负载中不同入口—出口的数据流比例，才能根据流量在网络中的分布，有效地配置其传输路径。

常规 IP 路由在网络传输控制方面存在局限的根本原因在于 IP 路由协议采用单一的可加性参量确定最优传输路径，并不考虑实际流量负载大小、空间分布及网络资源约束条件，同时缺乏确定网络流量空间和时间分布的能力。

（2）现有网络拥塞控制机制的局限

IP 网络拥塞控制机制包括 TCP 拥塞控制和主动队列管理（active queue management，AQM）。TCP 拥塞控制处于终端侧，由终端主机中的 TCP 源根据超时与否自动调整其发送速率，在网络不拥塞的条件下尽可能快地发送数据。主动队列管理处于网络侧，路由器在输出端口缓存尚未溢出时，即根据其队列长度以相应概率主动丢弃队列中的分组，尽早警示源端降低其发送速率。

从网络流量传输控制的角度来看，TCP 拥塞控制属于流量源端个体流量调节，由 TCP 源根据网络传输系统反馈的信号（超时与否），各自调整其流量发送速率。此外，还有许多没有采用 TCP 传输的应用系统（如 UDP、原始 IP 应用）产生了大量的流量，在传输层没有类似于 TCP 拥塞控制的自适应流量调节机制，其流量调节完全依赖于应用层的发送速率调节机制。路由节点中的主动队列管理在流量汇聚之处以主动丢弃数据分组的间接方式通知源端降低发送速率，即压制流量流经该处的多个 TCP 源，对于非 TCP 源没有作用。

探究网络拥塞的原因，可能性有两种：一是数据流量（需求）高于网络有效容量；二是网络有效容量（供给）不足。网络有效容量不足则包含两种情况：流量在网络中的不均衡分布，如流量至网络链路的不合理映射使得过度使用部分网络资源（带宽），同时较少使用其他资源；网络容量不足以满足全部数据流的流量需求。TCP 拥塞控制和主动队列管理分别采用直接、间接的方式调节源端发送流量的速率，均属于基于需求方的拥塞控制策略，即动态地调节需求以减轻网络过载，能够解决传输路径中节点资源不足以支持给定流量负载的问题。但对于网络有效容量不足引起的拥塞问题，TCP 拥塞控制和主动队列管理两种基于需求方的拥塞控制策略起不了作用，需要从资源供给方的角度考虑解决方案。

1.1.3　网络流量工程的技术目标

针对互联网流量传输控制的技术挑战和常规 IP 路由及拥塞控制技术的不足，IP 网络流量工程将相关科学和技术原理用于 IP 网络流量的测量、分析、传输控制[5]，以克服常规流量传输控制技术方法的限制，系统地解决运营 IP 网络的性能评估和优化的问题。IP 网络流量工程的技术目标包括两个方面：一是优化控制流量在网络中的传输路由；二是提升网络服务于流量传输的可靠性。

IP 网络互联基于不同类型链路技术的底层网络，在网络任何终端主机之间传输数据分组。数据流在网络中的传输路由，是根据该数据流的入口节点和出口节点位置由网络系统计算确定的。因此 IP 网络流量工程的首要技术目标是有效的控制路由、优化网络中的流量传输以及指引流量以最有效的方式穿过网络。

对于流量在网络中的传输，终端用户关注的重点是网络传输服务质量，如低时延、低抖动、高吞吐量、低分组丢失率和可预期服务；网络运营方关注的焦点主要在于网络资源的有效利用和降低网络运营、建设的开销。因此，需要在提高数据流量传输服务性能的同时，高效和经济地利用网络资源，在流量传输和资源利用两个方面增强运营网络的性能。

面向流量的优化目标是提高网络对数据流的传输服务质量。数据流在网络中的传输服务性能主要包括时延、抖动、分组丢失率和吞吐量。常规 IP 网络只能提供"尽力交付"服务，没有服务质量保证，因此流量性能优化的目标主要包括降低分组丢失率、时延，提高吞吐量以及履行服务水平协议（service level agreement，SLA）。区分服务网络[6]为数据流提供有类别的传输服务（class of service，CoS），不同类别的流量传送有着相应的容量和服务质量约束，前者包括峰值速率、平均速率及突发量等，后者则包括分组丢失率、时延及抖动等，相应的流量性能优化目标还包括保证服务容量和质量要求，如保证传输速率、减小时延抖动、降低分组丢失率和传输时延等。

面向资源的优化目标主要是优化网络资源的利用。网络资源包括所有路由节点的链路带宽和缓存，其中尤为关键的是链路带宽。网络资源优化利用的目标主要是合理分布网络流量、在路由节点及传输链路之间均衡负载以及避免过度利用部分节点链路。

面向流量和面向资源的流量传输优化的共同点在于解决输入流量至网络资源的合理映射问题，将网络拥塞程度降到最低，同时优化网络资源利用和流量传输服务性能。

运行的可靠性是 IP 网络提供流量传输服务的基本保障。作为最大规模 IP 网络实例的互联网，已经成为不可或缺的全球性通信基础设施，作为互联网基本构成单元的 ISP 网络的可用性直接影响大量用户的日常工作、生活以及商业利益。因此 IP 网络流量工程的另外一个重要的技术目标是提升网络运行的可靠性。大规模 IP 网络包含众多路由交换节点和传输链路，地理分布范围广、配置管理极为复杂，即使在正常运行条件下，部分节点出错和链路故障的可能性也很大。因此，需要最小化基础设施内部出错和故障造成服务中断的网络脆弱性，保证网络正常运行的能力。

1.2　网络流量工程的基本要素

IP 网络本质上是一个传输服务系统：系统输入为 IP 分组流，IP 分组流的传输服务由路由节点实现，传输服务控制机制主要包括路由节点中的路由协议和主机及路由节点中的拥塞控制。对于 IP 网络分组流量传输的控制，常规 IP 路由和拥塞控制存在局限的根本原因在于没有考虑输入流量负载及网络系统状态，如端到端流量大小和链路负载高低等，缺少网络状态反馈及相应的控制调整，因而难以优化控制输入流量在网络中的传输。针对常规 IP 路由和拥塞控制的局限，流量工程在 IP 网络中引入反馈控制，能够根据输入流量负载和网络状态有效地控制网络流量传输和资源分配。如图 1-1 所示，具有流量工程功能的 IP 网络作为一个反馈控制系统，组成部分包括：相互连接、具有相应约束条件的节点和链路资源集合，由分组存储转发、输出调度、流量调节及其控制功能构成的响应系统以及流量工程控制系统。

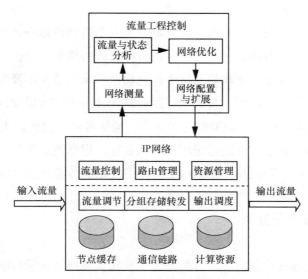

图 1-1　流量工程 IP 网络系统组成

在流量工程 IP 网络系统的 3 个组成部分中，资源集合和响应系统是常规 IP 网络的固有组成部分，流量工程控制系统是针对网络流量至资源的有效映射而引入的。流量工程控制输入流量至网络资源映射的基本工作原理是：系统输入包括输入流量需求、网络状态以及 ISP 网络的运营管理策略；基于网络资源集合及传输服务响应系统的模型，结合流量需求等输入变量对网络系统进行分析，发现其运行过程中的问题；针对系统输入变量的变化（如新的分组流输入）或系统分析所发现的问题，求解流量传输控制的优化方案，并对可选方案进行评估分析，确定最优方案；最后将流量传输控制最优方案转化为对网元设备的相关控制功能模块的配置。对应于网络流量传输控制优化的工作原理，IP 网络流量工程的基本要素包括网络测量、流量与状态分析、网络优化、网络配置与扩展 4 个方面。

1.2.1　网络测量

作为一种分组传输服务系统，IP 网络的服务效能首先取决于输入流量负载，具体表现为对于数据流的传输服务性能，同时系统工作状况通过运行状态体现。只有获取输入流量、流量传输服务性能和网络状态信息，才能进一步有效地控制流量传输。IP 网络流量工程控制优化所需的基础数据来自网络测量。此外，流量工程优化控制的实际效果，也需要通过网络测量进行评估。因此，网络测量是 IP 网络流量工程的基础。

根据测量目标对象的颗粒度，网络测量可以处于不同的层次。对于传输流量而言，网络测量的层次包括数据分组级、数据流级、应用级、用户级和聚合流级；对于网络而言，则包括链路级、节点级、网段级和全网络级。与流量工程相关的网络测量需要考虑的因素包括：测量参数、技术方法、测量点及分布、测量时间及频率、准确度、开销以及对网络设备及传输服务的干扰等。

IP 网络是一个复杂的分布式系统，网络测量的对象包括数量众多的端到端数据流和网元设备，通常难以兼顾所有测量技术目标。以数据流级网络测量为例，如端到端流量和传输服务性能的测量，考虑到一定规模网络中端到端数据流的数量以及路由节点的数目，即使采用较低的测量频率也会产生大量数据。主动测量技术方法可以发送较多的探测分组序列以得到更为精准的测量结果，但同时对于网络传输服务的干扰也较大。因此，大规模 IP 网络流量工程的网络测量必须全面考虑所有技术目标，根据流量工程的策略和测量总体目标，采取折中方案，以合理的开销探测和发现网络中流量传输的热点问题和瓶颈区域。

1.2.2　网络流量与状态分析

对网络流量与状态进行分析，一方面是为了获知当前网络流量特征、系统状态和主要问题；另一方面是预测和分析网络潜在的问题。网络流量与状态分析的结果将为网络性能优化提供技术依据。对于网络流量与状态的分析，首先是获取流量的时序特征，包括平均速率、峰值速率、时间分布、季节效应等；其次是获取流量在网络中的空间分布，如流量负载在网络局部区域和关键链路的分布；再次是深入分析网络中现存的问题（如结构性瓶颈和热点网络区域）以及引起这些问题的根本原因，如不合理的路由、容量不足、网络结构缺陷等；最后是根据积累的流量历史数据，预测以后一段时间的流量分布，从而进一步分析和预测网络潜在的问题及其原因。

网络流量与状态的基础分析是基于网络测量得到的流量和性能基础数据了解和分析网络的现存和潜在问题，需要借助于模型或者仿真。根据测量数据建立网络流量数学模型，结合现有网络系统的抽象模型，可以采用解析法分析现有网络系统性能以及存在的问题；进一步可采用流量预测模型预测分析网络潜在的问题。基于模型的网络流量与状态分析，往往需要大幅度简化整个网络系统，从而限制了分析结论的适用性；而采用仿真的方法可以较为完整地反映输入流量和网元设备的动态和随机特征，从而得到更具一般性的分析结论。对基于模型和仿真两种方法的对比，参见下文中的相关介绍。

1.2.3 网络优化

网络优化是 IP 网络流量工程最关键的组成要素，包括网络性能优化和网络规划，分别面向当前网络和未来网络。网络性能优化是优化输入流量在现有网络中的映射和分布，缓解或避免网络拥塞，从而保证传输服务和优化资源利用。根据系统优化策略制定优化目标，将流量分布和状态信息作为输入变量，求解和确定将输入流量映射至网络资源的优化方案。网络性能优化，特别是实时优化，一个重要的考虑因素是在快速响应流量负载和网络状态重大变化的同时，保持整个网络系统的稳定性。网络规划的功能是设计网络架构、拓扑和容量的系统性扩展方案，以满足将来网络流量的需求。网络规划以网络流量预测结果为依据，规划设计将来网络的架构、拓扑或容量扩展方案，满足未来流量传输服务的需求。网络规划的一个重要考量因素是部署成本，通常希望能够在扩展网络传输容量的同时，最小化部署安装开销。网络架构、拓扑和容量的调整，通常需要较长的时间和大量的资金投入，因此实施周期通常比较长，范围从数天至一年。网络规划和性能优化互为补充，良好的网络规划使得性能优化比较容易，同时优化过的系统性能能够为网络规划提供有益和深入的技术依据，使网络规划能够集中于解决长期问题。

网络优化需要对求解得到的可行方案进行评估分析，评价方案的有效性，检验网络优化性能目标，识别可能存在的问题，以确定最优方案。系统性能评估分析的方法包括 3 类：第一类是解析法，采用数学模型抽象系统，可以简单方便地推导、计算和分析系统性能，并能为系统分析提供深入的结论，但通常需要对实际系统进行大量的简化；第二类是仿真法，采用软件工具模拟系统运行过程，待模拟系统的基本特征和配置可以方便地通过软件代码实现，模拟系统运行数据的获取和处理都很方便；第三类是实证法，直接在真实系统中实验性实施相应技术方案，收集相关数据进行分析验证。采用解析法或仿真法评估分析流量工程网络系统性能时，采用网络节点和链路模型抽象其操作特征，如拓扑、带宽、缓存空间和节点服务策略（如链路调度、数据分组优先级处理和缓存管理），流量的解析模型可用于描绘流量的动态行为特征，如突发性、统计分布和相关性。3 种方法中，解析法最为简捷，可在一定程度上揭示流量工程网络系统的本质，但需要忽略大量的细节。采用仿真法时，所有的系统配置和场景都通过模拟脚本或代码实现，可以非常方便地模拟不同的网络系统和流量源，能对与流量工程相关的系统性能进行定量分析，评估流量工程优化的实施效果。鉴于通常 IP 网络（如 ISP 网络）的规模、复杂程度和不可中断性，对流量工程优化方案的评估分析，通常很难采用实证法，只能采用解析法和模拟法。但对于流量工程优化方案的实施效果，完全可以基于实证法进行验证。因此，可行的评估分析方法往往是解析法、模拟和实证法 3 种技术方法的组合。

1.2.4　网络配置与扩展

网络性能优化的实现，需要将相关问题的最优解转换为网络配置，以实际控制输入流量至网络节点设备资源的映射。

输入流量至网络资源的映射，是通过资源管理和流量管理实现的。资源管理包括路由控制、节点及链路资源管理，涉及与路由、节点资源相关的参数、属性和限定的配置，如 IGP 和 EGP 路由参数的设置、节点链路带宽和缓存分配等。流量管理则包括流量调节、队列管理、输出调度和资源访问限制等流量控制功能，涉及对网络节点设备中的流量管理参数的配置。根据具体功能的不同，资源管理和流量管理控制响应的时间尺度也不尽相同。路由变化的频度过高，会影响到网络运行的稳定性，因此路由控制操作不能过于频繁，时间尺度从毫秒至天，具体取决于路由控制操作的类型，如接近实时的约束路由和时间尺度较长的全网路由优化控制等。相形之下，数据分组级处理对应的主要是实时操作，如速率管制、队列管理和调度等，操作的时间范围从皮秒至毫秒，能够实时响应流量的统计变化。通过流量工程优化控制 IP 网络中流量至网络资源的映射的主要技术挑战来自 IP 网络系统的分布式和动态变化特性。在大规模的 IP 网络中，流量需求的随机波动和长期变化、不同网络协议和过程之间的交互以及网络系统中瞬态或持续的缺陷，使得同一网络的流量工程控制优化不可能一蹴而就。另外，不同的网络有着不同的优化目标，取决于其运营模式、容量和运行约束条件。因此，应将 IP 网络流量工程的优化任务视为一个提高网络性能的连续和反复的过程，不能视为一次性目标。此外，网络优化的目标会随着时间发生变化，缘由在于新的需求、新的技术和针对底层问题的新洞见，流量工程也需要持续性开发新的技术和方法以改善和提高网络运行和服务性能。

1.3　流量工程关键技术及分类

1.3.1　流量工程关键技术

IP 网络流量工程根据流量需求和网络服务容量，控制输入流量至有效网络资源之间的映射，关键技术主要包括路由控制、容量规划、资源管理和流量控制。

（1）路由控制

常规 IP 网络路由在流量传输控制方面的局限来自于没有考虑流量负载的大小。流量工程中的路由控制的基本考量因素除了路径的长短，还包括流量负载的大小。根据控制操作时间尺度的不同，流量工程路由控制分为全局路由和约束路由两类。

- 全局路由（global routing）是指整个网络范围内的路由计算。对于一个自治网络系统而言，其承载流量为每个入口节点至每个出口节点的流量的集合，即以边缘路由节点（入口、出口）为索引的流量带宽矩阵。流量工程中的全局路由需同时考虑网络拓扑、链路带宽资源和流量矩阵计算得到。运营中的网络的端到端流量即使在较短的时间范围内也是随机变化的，并不存在一个常量的流量矩阵。另一方面，全局路由的调整变化会涉及整个网络范围的端到端路由，影响整个网络的运行稳定性，不宜频繁进行。考虑到这两个方面的因素，全局路由的优化计算是采用一段时间范围内端到端流量矩阵的平均值，即平均流量带宽矩阵。因此，全局路由优化对应的时间尺度较长，通常为小时甚至更长的时间。

- 约束路由（constraint-based routing，CBR）是指在网络中为给定端到端流量寻求一条满足相应约束条件的路径。约束条件包括所需带宽和路由策略等。与针对所有端到端流量的全局路由计算不同，约束路由针对单一的端到端流量，如新出现的特定用户的流量。因此约束路由为需求所驱动，需要动态进行，通常较全局路由频繁，运行时间尺度也较小。由于约束路由的计算基于单个端到端数据流，从整个网络路由布局的角度来看未必是最优的。因此，约束路由与全局路由相互影响：完备的全局路由能够使得动态的约束路由计算方便可行；较好的约束路由又不会致使全局路由恶化。

（2）容量规划

容量规划确定如何升级路由节点之间通信链路的容量，以满足将来网络流量传输服务的需求，是网络规划最主要的功能。由于 ISP 网络流量的持续增长，通常需要以年、季度甚至月为时间单位，对路由节点之间链路的传输容量进行升级调整，相对于网络架构和拓扑的升级变化而言要频繁得多。根据对将来网络流量预测的结果，确定节点间通信链路的升级扩展方案。容量规划方案实现后，整个网络系统的资源发生了重大变化，通常也需要对全局路由进行优化调整。

（3）资源管理

要想实现输入流量至网络资源之间的映射，一个重要的方面是网络资源管理，即对网络系统资源相关参数、属性和使用限制进行有效的配置管理。网络流量竞争共享的资源主要包括节点之间的链路、节点缓存及计算能力。对于流量传输而言，链路带宽是最为重要的网络资源。因此，网络资源管理的一个重要环节是管理控制节点间的传输链路，在不同分组流之间分配输出链路带宽，包括流量传输限制（如只允许或不允许特定类别的分组流）和分组流之间的带宽分配等。流量竞争共享的另外一种资源为路由节点中的缓存，如何在多个分组流之间分配缓存将直接影响到分组流的分组丢失率。

由众多的路由节点缓存和通信链路集合构成的网络资源是分布式的，而 IP 网络需要传输的流量是端到端的，其传输服务需要由从入口至出口的一系列路由节点承担。因此，面向流量工程的网络资源管理的一个主要技术挑战是如何有效地分配管理分布式的网络资源和高质量地满足分组流的端到端传输服务。

（4）流量控制

除了网络资源管理之外，实现输入流量至网络资源之间的映射的另外一个重要的方面是流量控制。网络流量控制主要包括流量调节、队列管理、输出调度和资源访问限制，涉及路由节点中对这些与流量控制功能相关参数的管理和配置。流量调节是指路由节点对流量输入进行调节，如根据系统策略或用户服务水平协议采用令牌桶对输入流量进行限制。队列管理是关于如何管理在节点缓存中排队的数据流分组队列，如简单的队尾丢弃（tail drop）和较为复杂的主动队列管理。输出调度决定如何在节点输出链路上调度多个分组流的输出，可采用先进先出、优先级调度或加权公平队列等算法。资源访问限制则是限制分组流使用相应的网络资源，如不同的网络节点或输出链路。

1.3.2　流量工程技术分类

可根据下列多个维度对 IP 网络流量工程的优化控制技术进行分类[7]。

（1）与时间相关和与状态相关

根据执行触发条件的不同，流量工程优化控制可分为与时间相关和与状态相关。取决于本身的功能需求，一部分优化控制与时间相关；另一部分优化控制与状态相关。与时间相关的流量工程优化控制，是根据网络流量随时间周期性变化的统计数据以及用户预订的端到端传输流量，确定输入流量至网络资源的优化映射方案并加以实施的，如全局路由优化。与时间相关的流量工程技术方法需要流量周期性变化的统计参数，因此具体的实施时间较长，如天等，不会被网络流量或状态的随机变化触发。与状态相关的流量工程优化控制则是根据网络当前状态和实时流量服务需求，确定输入流量至网络资源的优化映射方案并加以实施的，如约束路由。网络状态信息包括链路利用率、分组传输时延和分组丢失率等。网络状态信息和实时流量服务需求显然不能通过历史统计数据进行预测和推断，获取方法主要包括：路由节点之间周期性或触发式洪泛状态参数；采用网络测量方式，由指定节点沿着一条路径发送探测分组以收集这条路径沿途节点和链路的状态信息；由网络管理系统从路由节点设备中收集网络状态信息。

比较而言，与状态相关的流量工程技术方法能够自适应于网络状态的变化，提高网络流量传输服务的效率和弹性，但依赖于迅速准确的状态信息收集和分发，并需要一定的开销；与时间相关的流量工程技术算法适合可预测的流量变化，只需要历史数据，并不需要实时的状态信息。

（2）集中式与分布式

根据优化控制任务在节点之间的分工特点，流量工程系统可以采用集中式或分布式。在集中式流量工程网络中，由一个中心式控制节点（或系统）收集全网路由节点状态和流量统计信息，确定分组流至网络资源的映射优化方案，包括网络路由、资源配置和流量管理，并据此配置网络中的全部路由节点。网络状态和流量统计信息的收集可以采用周期性报告和重要变化触发并行的方式。在分布式流量工程网络中，每个路由节点根据所掌握的网络状态信息（通常是局部视图），独立自主地决定路由、资源分配和流量管理的优化配置。路由节点可以直接获取其他节点分发的链路状态信息，也可以采用主动测量方法获取网络状态和流量信息。

对两种方式进行比较，集中式流量工程系统的优化控制基于整个网络系统的全局视图，因而可以得到分组流量映射至网络资源的最优方案，但存在可扩展性差、单点失效和优化时效性差等潜在技术挑战。分布式流量工程系统的优化控制任务分散到每个路由节点上，可扩展性和容错性高，但通常只能采用网络状态局部视图计算路由和资源配置，难以得到最佳方案。

（3）在线与离线

分组流至网络资源映射优化方案的确定，通常需要根据网络流量和状态信息进行计算，并转化为对网络设备相关模块的配置。这类优化计算取决于控制功能本身对于实时性的要求，分别采用在线和离线的方式。在线计算主要用于实时调整网络资源映射以适应网络条件的变化，包括输入流量和网络状态参数的显著变化。由于计算及随后的网元设备配置均需要近乎实时进行，在线计算通常应简单快捷，求解问题的规模不可能太大，如约束路由、负载均衡和资源分配的调整等。离线优化计算主要用于不需要实时执行的网络性能优化和网络规划，如调整时间尺度较长的全局路由计算以及更长期的网络容量规划。由于对于实时性没有要求，离线计算可以对多维解空间进行广泛的搜索以确定优化方案，并采用建模和仿真方法甄别最佳方案。

参照基于执行触发条件的流量工程优化控制分类，可以看出在线计算主要适用于与状态相关的优化控制问题的求解，离线计算适用于与时间相关的优化控制问题的求解。

1.4　网络流量工程发展过程

IP 网络原本采用的最短路径路由和拥塞控制机制在流量控制方面存在固有的局限。从 20 世纪 90 年代起，随着互联网在全世界范围的推广和普及应用，学术界和工业界已经开始考虑如何克服这一技术限制以提高网络传输服务质量和资源利用效率，即 IP 网络流量工程的问题和解决方案。本节以时间为基本线索，简要介绍 IP 网络流量工程的发展历程。

1.4.1　早期流量工程相关技术

早期对于 IP 网络流量工程相关探索主要发生于 20 世纪 90 年代中晚期。相对于最短路径路由的改进，对 IP 网络流量工程的相关搜索主要体现在路由控制和网络流量控制的相关技术方面，简要介绍如下。

（1）Nimrod

Nimrod[8]是 20 世纪 90 年代中期提出的一种支持面向路径转发的链路状态路由协议，在计入多种约束条件的基础上，计算支持各类专属服务的网络路由。Nimrod 采用地图的概念表达网络连通性和传输服务，同时可采用多种方式限制路由信息在节点间的分发。Nimrod 并未在互联网中实际部署，但正是由于其架构中的若干重要设想，如起始节点可选择完整转发路径的显式路由，它成为流量工程中约束路由相关探索的起点。

（2）等价多路径

如果给定目的网络存在多条开销相等的路径，传统的最短路径路由协议只能选择其中的一条，而等价多路径（equal cost multi-path，ECMP）[9]可在多条路径上分配流量。多路径流量分配的方式可以采用分组轮转或分组流。分组轮转方式是指在起始节点中，到达分组轮流通过多条等开销路径传输。这种方式显然会导致同一数据流中的分组乱序到达目的节点。分组流方式是根据源、目的 IP 地址以及 IP 首部中其他字段的哈希值确定对应的传输路径。分组流方式的有效性主要取决于网络中分组流的数目和流量大小。

ECMP 是 OSPF 路由协议[9]的一个组成要素，但 OSPF 路由协议本身并未考虑流量负载和资源约束条件，如链路开销并不考虑链路负载情况，路由计算时也不考虑链路带宽等资源约束条件。因此，ECMP 虽然可以利用开销相同的多条路径以分散流量，但实质上并未具备与流量工程相关的流量控制能力。

（3）QoS 路由

QoS（quality of service，服务质量）路由[10]是指对于给定分组流，基于有效网络资源，求解满足其服务质量要求的路由。分组流通常对应于特定源、目的主机之间传输的分组序列，甚至是两台主机特定进程之间的分组序列，其服务质量需求包括带宽、时延和跳数等，有效网络资源主要是指链路剩余带宽和节点未分配缓存。QoS 路由的求解，不仅仅是简单地寻找一条满足服务质量要求的路径，而且是最小化开销和优化网络整体性能。

QoS 路由同时考虑分组流的流量负载和网络资源约束条件，实际上是 IP 网络流量工程关键技术中约束路由的前身。如上所述，早期的 QoS 路由关注的分组流颗粒度通常较细，因而可扩展性差，这一限制在约束路由中已得以克服。

（4）ToS 路由

ToS（type of service，服务类型）路由[11]是指根据 IP 数据分组首部中的 ToS 字段确定转发路径。ToS 字段取值对应于 IP 分组的服务类型，包括低时延和高吞吐量等。同一条链路的代价与特定的 ToS 取值有关。也就是说，ToS 路由计算同时取决于目的网络地址和数据分组服务类型。

显然 ToS 路由没有计入流量大小和网络资源约束条件，并不具备与流量控制相关的能力。作为 ToS 路由基础的 IP 首部 ToS 字段定义，也已废止，更新为区分服务（differentiated service，DiffServ）[6]对应的 DS 字段定义。与 ToS 路由中的 ToS 不同，区分服务中的服务类别（class of service）只是决定节点输出该类别数据分组过程中的待遇，并不涉及对应的路由计算。

（5）重叠模式

在重叠模式（overlay model）中，IP 网络运行于一个底层网络之上，底层网络通常为虚电路交换网络（如 ATM、帧中继）或波分复用传输网。IP 路由节点之间的链路即底层网络中的一条虚电路、电路或波长通道。底层网络，即使是并无实时交换能力的波分复用传输网，都可以按需配置其虚电路、电路或波长通道，从而改变 IP 路由节点之间的链路。也就是说，IP 网络拓扑独立于底层网络物理拓扑，两者之间无耦合。这种解耦使得流量工程成为可能，即根据物理链路流量负载水平调整 IP 路由节点之间的虚电路、电路或波长通道，使得这些逻辑链路绕开底层网络中的拥塞网段。在重叠模式网络中，流量工程的实施主要取决于底层网络的流量和（虚）电路管理能力。ATM 网络具有较强的流量和虚电路实时管理控制能力，因而能够有效地实施流量工程。而波分复用传输网并无交换功能，可配置的电路或波长通道颗粒度比较粗，因而只能实施有限的流量工程优化。

在 ATM 重叠模式流量工程应用实际 IP 网络流量工程时，存在以下几个方面的基本技术局限。首先，由于底层 ATM 网络和上层 IP 网络在技术方面差异很大，因而需要同时运行、管理和维护两个分离的网络，系统复杂度和开销都比较高。其次，由于重叠网络中的邻接数目平方正比于路由节点数量，流量工程优化问题的规模随着网络规模快速增长，因而缺乏可扩展性。最后，IP 数据分组的长度通常远大于 ATM 信元的 53 byte，从而需要对 IP 数据分组进行分割和组装,但当时的集成电路设计性能很难胜任高速（如 2.5 Gbit/s 以上）链路速率级别的数据分组分割和组装。随着多协议标记交换（multi-protocol label switching, MPLS）[12]技术对于 ATM 的取代，重叠模式网络流量工程已经为 MPLS 流量工程所取代。

1.4.2　MPLS 在流量工程中的应用

MPLS 结合虚电路交换和 IP 数据报交换两种技术的优点，将控制平面与转发平面彻底分离。在 MPLS 网络系统数据平面中，数据分组的转发采用一种类似于 ATM 的标签交换机制，采用以定长标签为索引的转发表查找代替 IP 转发的最长前缀匹配查找，简化了高速路由交换设备中数据分组转发的处理过程；在控制平面中，可由多种控制功能模块操纵标签值对应的转发路径和输出服务，包括传统 IP 路由协议（采用最短路径）以及新的流量控制功能，从而能够灵活地控制流量转发过程，实现较为复杂的控制功能。

MPLS 网络采用显式路由（explicit routing），即在数据分组转发之前预先建立一条标签交换路径（label switching path，LSP），属于同一数据转发等效类（forwarding equivalence class，FEC）的数据分组将沿着同一 LSP 被转发。在 MPLS 交换节点确定转发等价类时，可以采用多种方式及其组合，最简单的一种方式就是基于数据分组目的网络地址及其源网络地址的组合，还可以进一步结合上层应用类型以及网络管理策略等，非常灵活。在显式路由的控制方面，可以采用基于最短路径的传统 IP 路由协议，也可以采用基于 QoS 或管理策略要求的约束路由，还可以采用流量分布优化的方式。正是这种显式路由机制使得 MPLS 网络能够自然、容易地实现流量工程。转发等价类形成机制的灵活性同时使得显式路由具有较强的可扩展性和可管理性。因此，与以往的重叠模式流量工程相比，MPLS 流量工程在可扩展性、可管理性和开销方面具有明显的优势。

正是由于 MPLS 在流量传输控制方面的技术特点，在 20 世纪末和 21 世纪初，人们对 MPLS 网络流量工程进行了大量的研究和探索。其中尤为重要的是对 MPLS 流量工程的相关研究[5, 12]，该研究系统地阐明了 IP 网络流量工程的技术要素、基本问题和关键技术，提出了大量的网络性能优化解决方案，并制定了 MPLS 流量工程的一系列标准规范。本书后续章节将对 MPLS 流量工程进行重点介绍。

1.4.3　IP 网络路径规划与优化

在提出 MPLS 流量工程的同时，另外还有相关研究提出采用常规路由协议的 IP 网络流量工程。对于域内路由（intra-domain routing）而言，可根据自治系统网络拓扑、流量需求而设置链路状态路由协议（如 OSPF、IS-IS）的链路开销[13]，使得路由节点的路由计算结果能够同时反映网络拓扑和流量需求，优化了流量在网络中的传输路径分布，减少了拥塞的可能性。对于域间路由（inter-domain routing）而言，可以利用 BGP 路由通告消息中的相关属性对路由选择的影响，针对性地控制路由通告消息的输入和输出，从而影响输入、输出流量的路由选择，优化域间流量在该自治系统网络中的分布。

基于常规路由协议 OSPF、IS-IS、BGP 的 IP 网络流量工程，无须修改升级这些路由协议和路由节点转发方式，因此继承了传统 IP 路由具有可扩展性和稳健性的技术特点。但是，传统 IP 路由只能根据目的网络地址转发数据分组，也限制只能实施粗颗粒度的流量控制，无法赶上 MPLS 流量工程在流量控制颗粒度方面的精细和灵活程度。另外，由于基于常规路由协议的流量工程需要对与路由协议相关参数进行精细设置，如 OSPF 中链路开销和 BGP 中的相关属性，流量分布对于这些参数的变化可能比较敏感，因此节点或链路的失效可能会导致网络流量的戏剧性变化，甚至引起网络拥塞。

1.4.4　软件定义网络流量工程

前述的 IP 网络流量工程技术方案，无论是早期的相关探索，还是 MPLS 网络流量工程和基于常规路由协议的网络流量工程都是分布式的，即主要由路由交换节点自主优化控制。其隐含的背景是，常规 IP 网络采用分布式控制，每个路由节点都包括数据平面和控制平面功能，由分布式的路由和控制协议决定分组流量的传输服务。然而，软件定义网络（software-defined networking，SDN）的出现，改变了这一基本前提。

软件定义网络将控制平面功能（如路由、资源管理等）从所有路由交换节点中剥离，转移至以运行软件形式存在、集中式的控制器（controller）中。控制器根据网络拓扑和系统状态，进行控制功能所需计算，将计算结果下发至只剩下数据平面功能的路由交换节点中，从而控制数据流量在网络系统中的传输。概括而言，软件定义网络与常规 IP 网络的根本区别有两个方面：一是集中式控制；二是软件可编程控制。

软件定义网络的集中式控制和软件可编程控制，为互联网流量工程提供了一种全新、高效的技术手段。首先，集中式控制的网络系统全局视图能够根据全网拓扑和系统当前状态，精准、高效、一致地控制数据流量在网络中传输，甚至实时响应网络系统状态及性能的重大变化。其次，软件可编程控制不仅使得网络控制系统集成流量工程功能变得容易，而且能够以软件扩展升级的方式，应对显著影响互联网流量模式及分布的新型网络应用，如大规模的互联网内容分发、云计算等。

参考文献

[1] 贾俊平, 何晓群, 金勇进. 统计学[M]. 北京: 中国人民大学出版社, 2001.

[2] 信息时代计算机通信技术[Z]. 2018.

[3] Cisco. Annual internet report (2018—2023)[R]. 2014.

[4] 中国互联网络信息中心. 中国互联网络发展状况统计报告(第 44 次)[R]. 2019.

[5] AWDUCHE D, MALCOLM J, AGOGBUA J, et al. Requirements on traffic engineering over MPLS: RFC2702[S]. 1999.

[6] BLAKE S, BAKER F, BLACK D. An architecture for dierentiated service: RFC2475[S]. 1998.

[7] AWDUCHE D O, JABBARI B. Internet traffic engineering using multi-protocol label switching(MPLS)[J]. Computer Networks, 2002, 40(1): 111-129.

[8] CASTINEYRA I, CHIAPPA N, STEENSTRUP M. The nimrod routing architecture: RFC1992[S]. 1996.

[9] MOY J. OSPF version 2: RFC2328[S]. 1998.

[10] CRAWLEY E, NAIR R, RAJAGOPALAN B, et al. A framework for QoS-based routing in the internet: RFC2386[S]. 1998.

[11] NICHOLS K, BLAKE S, BAKER F, et al. Definition of the dierentiated services field (DS field) in the IPv4 and IPv6 headers: RFC2474[S]. 1998.

[12] VISWANATHAN A, ROSEN E C, CALLON R. Multiprotocol label switching architecture: RFC3031[S]. 2001.

[13] FORTZ B, REXFORD J, THORUP M. Traffic engineering with traditional IP routing protocols[J]. IEEE Communications Magazine, 2002, 40(10): 118-124.

第2章

网络流量的测量与采集

2.1 网络测量概述

分组交换是计算机网络的基本特征，数据分组（packet）是计算机网络中数据交换的基本单位。通过路由器或链路的大量数据分组构成网络流量。捕获网络上的数据分组并对其进行分析的过程被称为网络测量。网络测量系统一般由数据采集、数据存储和数据分析3部分组成。数据采集部分捕获流量信息，并把它们发送到数据存储设备进行存储，数据分析则负责对存储的流量数据进行分析处理[1]，提取出反映网络行为的活动特征、统计规律，监视网络行为的变化，预测网络流量特征的发展趋势。

2.1.1 国内外发展概况

在 Internet 发展初期，网络测量未得到应有的重视[2]。直到20世纪90年代中期，美国率先发起了对网络测量的研究。第一次大规模的互联网测量工作由 Paxson V 在20世纪90年代中叶完成。他建立了一个测量结构并且测量了37个站点之间超过1 000个独立互联网路线上20 000个端对端 TCP 节点。这项复杂的研究深度揭示了端对端互联网流量的动态性：路由稳定性、路径不对称、TCP 动态性、分组乱序传输等。从那时起，互联网测量在互联网研究和开发中被广泛实践。互联网测量成为互联网研究和发展中的一个活跃领域。

起初，美国国家自然科学基金委员会（National Science Foundation，NSF）对 Internet 进行了大规模的测量，并与美国应用网络研究国家实验室（National Laboratory of Applied Network Research，NLANR）合作召开了网络测量方面的研讨会[3]。随后，互联网工程任务组（Internet Engineering Task Force，IETF）专门成立了制订 Internet 网络测量框架、指标和方法的工作组 IPPM（IP Performance Metrics Working Group，IP 性能标准工作组）[4]。从此

网络测量开始受到了广泛关注，并逐渐成为与网络相关领域中的研究热点。

目前全球范围内有很多研究机构、国际组织、著名院校、知名企业都在从事网络测量方面的研究工作，例如 CAIDA（Cooperative Association for Internet Data Analysis，互联网数据分析合作组织）[5]、美国加州大学圣地亚哥分校（UCSD）、NLANR[6]、IETF、Sprint等；此外，还有许多政府机构意识到网络测量研究的重要性而对相关项目加大了资助力度，例如 CAIDA 的资助方之一——美国国防部、IEPM/SLAC（Internet End-to-end Performance Monitoring/Stanford Linear Accelerator Center，互联网端到端性能监视小组/斯坦福线性加速器中心）的主要资助方——美国能源部。

下面简要介绍这些国际组织和研究机构的主要研究工作。

（1）美国 CAIDA

CAIDA 创建于 1997 年，是依托于 UCSD 的超级计算中心。CAIDA 专门从事互联网流量的分析与研究工作，开发了很多用于互联网流量的采集、统计、分析的软件工具，例如 Cflowd、CoralReef、Cuttlefish、Skitter 等，其中 CoralReef 主要用于研究高速互联网的网络流量特征，Skitter 主要用于探测网络流量传输路径和网络性能采样，并基于探测数据对网络行为等进行分析。CAIDA 的主要工作包括构建测量基础设施以及向广大研究人员提供测量数据、网络测量分析与网络建模服务。成立 15 年来，CAIDA 围绕以上几个方面开展了大量的工作，取得了较多的研究成果，促进了网络测量工作的广泛展开。CAIDA 近年具有代表性的工作见参考文献[7-10]。

（2）美国 NLANR

NLANR 是由美国国家自然科学基金委员会资助的网络应用研究机构，主要从事高速网络技术、流量分析等方面的研究工作，侧重于测量教育和科研网络，自 2006 年 7 月起，被 CAIDA 接管，成为 CAIDA 的一部分。NLANR 开发了网络分析基础设施（network analysis infrastructure，NAI），建立了测量体系结构，通过收集和发布原始数据、分析测量结果并进行可视化处理，为广大研究机构工作人员提供工程和应用研究服务。另外，NLANR 的国家 Internet 测量基础设施（National Internet Measurement Infrastructure，NIMI）项目建立了一个轻负载、动态的、可扩展的网络测量基础框架，使测量工具在整个 Internet 范围内适用[11]。NIMI 具有支持多种测量标准、协调大规模网络测量点等特点。

（3）IETF

与网络测量领域相关的 Internet 工程任务组（IETF）有很多，如 IPPM（IP Performance Metrics）工作组、IPFIX（IP Flow Information Export）工作组、RMON（Remote Network Monitoring）工作组、PSAMP（Packet Sampling）工作组等。IPPM[12]工作组主要致力于制订各种网络测量的度量指标体系，研究重点包括：网络连通性、单向时延、分组丢失率、时延抖动、分组失序、链路带宽容量等，主要对广域网（wide area network，WAN）进行测量。IPFIX[13]工作组主要负责 IP 流信息导出方面的工作，获取网络中 IP 流的相关信息，如源 IP 地址、目的 IP 地址、端口号、协议类型等。RMON 工作组的目标是定义一个用来进行远程网络监控的管理对象集合，这个管理集合能够提供对远程网络多个层次上的流量监控功能，同时还能够满足故障、配置、性能管理的需求[14]。PSAMP[15]工作组的主要工作是定义一种能够通过统计或其他方法来对数据分组进行抽样的标准集。这种标准应该满足普适性和兼容性，使得基于该标准的测量能够对足够广泛的应用适用。

（4）欧盟 RIPE 互联网协调中心

欧盟 RIPE 互联网协调中心（Réseaux IP Européens Network Coordination Center，RIPENCC）[16]于 1989 年成立，是欧盟负责 Internet 资源分配管理的机构，在 Internet 运行管理、测量监控等方面也十分活跃，主要由国际电信组织以及欧洲、中东和中亚地区的大公司构成。该组织开展的与网络测量相关项目包括 RIPE-TTM（Test Traffic Measurement）和 RIPE-RIS（Routing Information Service）。RIPE-TTM 项目开展了对网络流量、性能参数的独立测量[17]，RIPE-RIS 则主要针对路由信息进行测量[18-19]。RIPENCC 近年相关工作见参考文献[20-21]。

2.1.2　网络测量的作用

网络流量测量是网络运营管理、网络性能分析以及网络规划设计中的重要辅助决策功能的基础，通过对流量的测量和分析，网络管理人员能清楚地掌握 IP 网络流量、流向、流量构成和用户行为。通过对通信网络进行有效的测量，有助于挖掘网络资源潜力，控制网络流量成本，并为网络流量建模与预测、优化调整和业务发展提供基础依据。

互联网应用在研究和开发中扮演了核心角色。网络测量可以帮助理解网络应用的状态，鉴别有趣的网络系统研究问题并且提供了测量结果以提升应用性能。测量结果能建立恰当的计算机网络理论分析并根据从真实网络问题中得出的有效假设为分析模型提供一个坚实的数据基础。网络测量还可以为原型设计提供可用标准，检查原型系统的评估准确性。

网络测量收集网络和应用的性能度量既可以在网络中链路层完成，也可以在端对端层由终端完成。如果网络测量工具被应用于策略网络位置中并且可以监控网络元素中的数据传输：接口、路由、链路等，那么内部网络的状况可以被直接测量。在端对端测量发展中，网络支持通常是缺乏的。这表明不能直接完成网络内部度量，如有效可用带宽的测量。为了提供互联网操作和运行的深度观察，端对端测量在网络中越来越流行。

2.1.3　网络测量的分类

流量测量为科学有效地进行多种网络研发活动提供了非常重要的基础。根据其应用的场景，可以分为面向性能分析的流量测量以及面向网络工程的流量测量。

首先，性能分析需要精确的流量测量，以便构建合理的数学模型，可用于回答网络组件（例如链接和路由器）引起的吞吐量、数据分组丢失和数据分组时延等性能问题。性能分析问题所涉及的时间尺度从微秒级到数十分钟级，相应的流量测量要求在较短时间尺度到达一定精确度。

其次，网络工程依赖于流量测量。网络工程的目的通常在于监视和改进网络操作，与网络配置、容量规划、需求预测、流量工程等方面的问题密切相关。网络工程问题所涉及的时间尺度通常较长，从分钟到年月。在这样的时间尺度下，工程师才可能有效了解当前网络状况和改变网络操作。

根据测量时间尺度的不同，又可以分为短时测量和长期测量。短时测量是指在精细时间尺度下的网络测量，主要取决于时钟的精确度和精密度；长期测量指在大时间尺度下的测量，要求就比较低。

根据测量系统部署的情况，又可以分为单点测量和分布式测量。单点测量中单点方法或建模很难提供大尺度范围（如从微秒数量级到几个月的数量级）内的精确流量测量。分布式测量中部署分布式的测量系统来提供测量数据。

2.1.4 网络测量的应用

常见的网络流量测量应用包括以下几个方面。

（1）网络流量分析

对网络中的链路流量进行监控和统计，能够掌握各链路流量的变化趋势，对网络链路扩容提供数据依据；其中，对一些特定流量进行长期监控，能帮助网络管理人员了解网络的流量模型，供网络管理人员正确分析网络使用状况，更好地对网络建设进行规划，提升网络的整体质量和效能。

（2）网络流向分析

对网络中 IP 地址或 IP 地址段间的流量进行监控和统计，掌握各节点或网络间的流量变化趋势，可以为网络结构优化和扩容提供依据；分析网络出口流量和流向，可以了解网络内部用户对其他外部网络的访问情况，有效选择与其他运营商的互联方式。

（3）流量构成分析

检测网络协议或数据分组特征，掌握流量中各种业务应用的分布，为流量控制和管理提供依据。通过分析、掌握重要应用的流量状况，进行网络带宽的成本分析，有助于在网络服务质量和网络成本之间取得最佳平衡。

（4）用户行为分析

对用户访问网络的时间、次数、地址、业务类型等基本数据进行统计分析，从中发现用户使用互联网业务的趋势和规律，为市场发展提供指引数据，对用户行为进行管理和导向。

2.2　网络流量构成

网络流量的基本单元是作为 IP 协议集的基本实体，即数据分组。所有互联网流量都可以视为经过路由器和网络链路的数据分组集合。

组成网络流量的数据分组并不是孤立的，从产生源头上来讲，它们是由网络应用为了满足某种功能而发出的，因此分组之间必然存在着某种关联关系。这些关联一方面体现在分组之间的时间相关性上，这种时间的相关性是由应用和路由器的排队机制决定的；另一方面，这些分组之间存在着一定的共同属性，如具有相同的源、目的 IP 地址，使用同样的协议和端口号。下面将从不同的角度分析网络流量的构成及特点。

2.2.1　数据分组

观察数据分组到达的时间点，这些时间点构成一个到达过程，表示为 A_n，$n = 0,1,\cdots$。由于分组在大小上是变化的，内容是不同的，为了同时描述分组到达的时间点和分组的相关信息，可以将数据分组的到达过程描述为：

$$(A_n, C_n): n = 1, 2, \cdots \tag{2-1}$$

其中，A_n 为分组到达的时间，C_n 为分组的内容或关于分组的信息（如分组长度等）。

2.2.2　数据流

由于原始数据分组数据量很庞大，把原始分组信息按照某些属性进行归并汇总可以大量地压缩原始数据量。

在一定程度上，"IP 流（IP flow）"对应于应用层的一个完整的事物，它所产生的数据分组具有相同的源 IP 地址、目的 IP 地址、源端口及目的端口号、协议类型等。对于 TCP 连接，一个 TCP 连接从开始到结束的所有数据分组构成一个"流"。按照这样的方式对数据分组进行汇总，在减少数据量的同时又可以保留对网络管理、计费、安全监测等应用来说很重要的信息。

2.2.3　流量矩阵

流量矩阵（traffic matrix，TM）[22]是全网流量的概览，矩阵各元素表示网络中从源节点到目的节点的流量大小，其中源、目的节点对又称为 OD 对（origin-destination pair）。流量矩阵中的每一行代表某一个源节点到另一个目的节点的 OD 流（origin-destination flow）在某一时间的流量。这里的节点可以是路由器（router），也可以是 PoP（point of presence）或链路（link），甚至是 IP 地址前缀（IP prefix）。流量矩阵的矩阵元素反映的是源—目的节点对，亦即 OD 对之间的流量需求（traffic demand）。流量矩阵这个概念就是为了以全网观点观测流量而产生的。

流量矩阵不仅是研究流量问题的基础，还是多个重要研究领域和应用领域的关键输入参数[23-24]。流量矩阵在流量工程中主要用来做路由优化。路由优化是通过调整路由来满足网络中的不同业务和不同节点对的流量需求，包括平衡链路负载、合理分配带宽等资源以及避免或减少网络拥塞等。网络运营商需要流量矩阵进行网络规划和路由优化，以提高服务质量。研究人员需要通过流量矩阵来建立网络仿真环境，不仅可以评估新路由协议的性能，还可以分析网络故障或路由策略变化的影响。此外，流量矩阵在短期内的剧烈变化还可用于网络异常检测。

对于 IP 骨干网络，网络中有 p 个节点，则存在 $n = p \times (p-1)$ 个源节点和目的节点构成的对（OD 对）。基于这一事实，用流量矩阵来表示网络中所有 OD 对的流量需求，用 $X_{i,j}$ 表示该矩阵的元素。但是，为了研究方便，通常将流量矩阵转换为向量表达。为了实现这一目的，将 OD 对从 1 到 n 编号，让 $X_j(1 \leqslant j \leqslant n)$ 表示 OD 对 j 传送的数据量。$Y = (Y_1, \cdots, Y_m)^{\mathrm{T}}$ 表示网络中所有链路的流量值，这里 Y_l 表示在链路 l 的流量负载，m 表示网络中链路总数，T 表示矩阵转置。向量 X 和 Y 之间可以通过一个 $m \times n$ 的路由矩阵 $A = [a_{ij}]_{m \times n}$ 关联，矩阵 A 是一个 $m \times n$ 的 0-1 矩阵，如果 OD 对 j 之间的流量经过链路 i，则 $a_{i,j} = 1$，否则 $a_{i,j} = 0$。A 的列给出了某个 OD 流量需求在网络中经过的全部链路集合，因此，矩阵 A 是一个包含实际路由信息的矩阵。

流量矩阵、路由矩阵和链路负载三者之间的关系可以表示为：

$$Y = AX \tag{2-2}$$

OD 对间的网络流量按网络路由配置在网络链路上流动，它们在链路上汇聚成链路负载。

根据源节点和目的节点的类型不同，OD 流量矩阵可以从不同的度量度定义，从节点的空间需求表现来看，流量矩阵的流量需求可分为 3 类：点对点流量需求、点对多点流量需求[25]以及多路径的点对点流量需求；从信息聚集，亦即节点的汇聚程度来看，流量矩阵又可分为：POP 级、路由器级、链路级以及 IP 地址前缀级[1]。流量矩阵的抽象分类如图 2-1 所示。

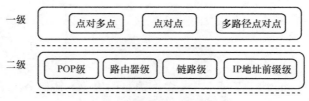

图 2-1　流量矩阵的抽象分类

2.3 网络流量采集技术

网络流量的采集是网络研究的重要部分，它是网络流量分析的必要前提；同时，网络流量的采集使得网络管理员能够监控网络负载，发现网络故障的位置，从而制定网络管理策略流量采集原则。

2.3.1 网络流量采集原则

本节将重点介绍网络流量的采集方法。采集到的网络数据应当是真实的，否则就失去了采集网络流量的意义，因此应当遵循以下几点基本准则。

（1）不影响数据流转发的速度

在整个数据流量的采集过程中，不能有明显影响数据流转发速度的状况发生。如果在数据采集的过程中，数据流转发的速度明显下降，那采集到的流量将无法真实地反映出当时的网络流量状况，从根本上违背了数据采集的目的。

（2）占用资源少

在对数据流量进行采集的过程中，可能需要在路由器（交换机）中进行流量统计，并且存储所采集的数据。这会给路由器带来额外的资源消耗。应当尽可能少地占用资源，在采集效果和资源占用之间达到平衡。

（3）完整的数据流监控

一个理想的数据采集方法应该具备完整的数据流监控能力。在网络发生拥塞的时候，能不能采集到完整的流量信息，是考察数据采集方法的一个重要标准。

（4）分布式的数据采集

分布式的数据采集有利于实现校园网内部的数据流量监控和管理。

遵循以上准则的网络流量采集方式所获取的网络流量才是真实可信的，能够用于后续的研究分析中。

2.3.2 主流网络流量采集技术

在计算机网络中，数据分组一般都要经过多个路由器、交换机等的转发，甚至要通过地址转换设备、防火墙等各种设备，穿过这些设备之间的链路才能从源节点到达目的节点。从技术上来讲，对于一般的个人用户，能够捕获到的只有本机发送和接收到的数据分组，在计算机上安装数据分组捕获程序可以完成数据分组的采集。

常用的流量采集工具有 Tcpdump、Wireshark/Ethereal、nProbe、Sniffer Portable、Snort。

针对不同的应用场景，用户可以从这些软件中选择最合适的一个。对于 ISP（互联网业务提供商）来说，它拥有管辖网络中各种网络设备、线路的权限，因此，可以通过一定的技术对经过网络设备、链路的数据分组进行采集。

网络流量采集方法主要有：主动式采集和被动式采集。主动式网络流量采集，一般采用网络探针收发数据分组的方式，这种方法可以定制分析策略，但由于主动式收发报文的过程会对现有网络产生一定的压力，不可避免地对现有网络中的应用运行造成影响，与前述采集准则不符，因此，一般采用被动式的采集方案。被动式流量采集依靠对网络流量的捕获，采集过程对测量网络的流量没有影响，但是无法从网络流量数据中提取一些深层次的信息。

目前，比较主流的流量采集技术主要有 4 种：基于简单网络管理协议（simple network management protocol，SNMP）的流量采集技术、基于 NetFlow 的流量采集技术、基于 sFlow 的流量采集技术、基于深度分组检测（deep packet inspection，DPI）的流量采集技术。

（1）基于 SNMP 的流量采集技术

SNMP 为应用层协议，是 TCP/IP 协议族的一部分，它通过用户数据报协议（UDP）来操作。SNMP 网络的一般管理模型由管理者（manager）、代理（agent）、管理信息库（management information base，MIB）和管理协议（SNMP）4 部分组成，它们之间的组织结构如图 2-2 所示。

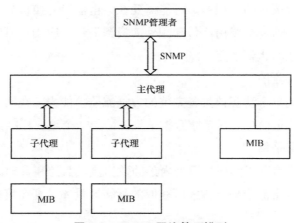

图 2-2　SNMP 网络管理模型

管理者是管理指令的发起者，这些指令包括一些管理操作。管理者通过 SNMP 完成网络管理。SNMP 在 UDP、IP 及有关的特殊网络协议（如 Ethernet、FDDI 和 X125）上实现。它通过各设备的代理对设备资源完成监视和控制。代理负责管理指令的执行，并向管理者发送一些重要的管理事件。它可以从 MIB 中读出各种变量的值，将其传送给管理者；也可根据管理者的请求修改 MIB 中的变量值。每个代理者也必须实现 SNMP、UDP 和 IP。MIB 是通过网络管理协议可以访问的信息，这些信息可以是被管资源。网络管理中的资源以对象来表示，每一个对象表示被管资源某一方面的属性，这些对象的集合形成 MIB。

基于 SNMP 的流量信息采集,实质上是从网络设备代理提供的 MIB 中提取一些与流量信息有关的变量。在路由器中启动流量统计功能,使其记录下所有流量的源 IP 地址、目标 IP 地址、数据分组数量和字节数等信息。另外一台采集数据的机器则通过 SNMP 定期到路由器上读取流量统计信息。

采用这种方法采集到的流量信息准确,信息获取方便。同时,由于使用 SNMP 获取数据,具有很好的通用性和可移植性。因此这种方法的应用非常广泛。但是由于要在路由器上运行流量统计功能,这会影响路由器处理数据分组的效率,增加路由器的 CPU 和内存负载,不可避免地给网络性能带来一定的影响。因此,这种方法并不适合在网络和核心层部署,适合在网络的边界处进行流量采集。

（2）基于 NetFlow 的流量采集技术

NetFlow 交换技术是由 Cisco 公司提出的,广泛应用在 Cisco 的路由器和交换机产品中[26],它能够主动地将网络流量信息推送到 NetFlow 数据采集服务器上。NetFlow 交换技术是对传统快速交换技术的改进,主要优点是在进行数据交换的同时对数据流信息进行统计,并将统计信息以特定的格式输出。

NetFlow 交换技术是在 Cisco 的路由器、交换机中实现的一种技术。NetFlow 完成的工作超过交换本身的工作,它还进行数据的统计,包括数据流的协议、端口、被转发的数据分组数量和字节数等信息,所有这些信息都被保存在 NetFlow 缓存里。这些数据可以被发送到 NetFlow 数据采集器或者网管工作站里进行存储和进一步处理[27]。因此,可以说 NetFlow 是一种交换技术,同时,它更多的是一种网络管理和计费技术。NetFlow 交换技术的主要原理是根据连续相邻的数据分组目的 IP 地址通常相同的特性,配合缓存快取机制,一个输入的数据分组完成了交换处理后,所有的路径信息和数据分组的信息被复制到 NetFlow 缓存中。该数据流中的剩余数据分组将会被与 NetFlow 的缓存进行比较,然后进行相应的转发,同时对该数据流的相关计数器进行更新,实现数据流信息的统计[30]。当网络管理者开启路由器或交换机接口的 NetFlow 功能时,设备会在接收数据分组时分析其数据分组的标头部分,取得流量资料,并将所接收到的数据分组流量信息汇整成一笔一笔流（flow）。NetFlow 交换技术的体系结构如图 2-3 所示。

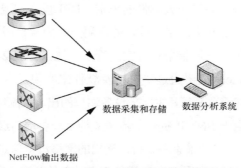

图 2-3　NetFlow 交换技术的体系结构

在 NetFlow 数据采集系统中，数据采集器是整个系统的核心部分。数据采集器接收路由器和交换机发送的 NetFlow 数据分组，并分析输出数据中的版本信息，根据情况选择不同的数据处理器。然后，数据库中的信息通过相关流分析软件完成图形化展示、TopN 查询以及预警等功能。

（3）基于 sFlow 的流量采集技术

sFlow 是对 NetFlow 的改进，它基于标准的最新网络导出协议（RFC3176），原理是：在路由器和交换机中实现的、基于流统计的方法。流量信息在路由器或交换机内部通过专门的模块生成流一记录，再将流一记录上报到设备外部的统计系统进行进一步的统计和分析。NetFlow 和 sFlow 一般在实际应用时都进行采样统计。

优点：在进行数据交换的同时对数据流信息进行统计，并将统计信息以特定的格式输出。

缺点：必须进行一定的采样，否则对路由器和交换机设备的处理能力有较大压力。

（4）基于 DPI 的流量采集技术

DPI 技术在获取数据分组基本信息的同时，还增加了对应用层内容的分析，是一种基于应用层的流量检测技术。DPI 技术可以获取寄存在应用层中的业务特征信息，达到识别网络流量中各种业务应用的目的。

DPI 技术通常采用以下的数据分组分析方法。

（a）特征字的识别技术

不同的应用通常会采用不同的协议，而各种协议都有其特殊的特征，可能是特定的端口、特定的字符串或者特定的比特序列。基于特征字的识别技术通过对特定数据报文中的特征信息进行检测以确定业务流承载的应用和业务，如对 BitTorrent 协议的识别。

（b）应用层网关识别技术

有些业务的控制流和业务流是分离的，业务流没有任何特征。这就需要由应用层网关技术识别出控制流，并根据控制流协议选择特定的应用层网关对业务流进行解析，从而识别出相应的业务，如对 SIP、H.323 协议的识别。

（c）行为模式识别技术

针对一些无法根据协议判断的业务，行为模式识别技术基于对用户实施行为的分析，判断出用户的应用类型。在实施行为模式识别之前，必须先对用户的各种行为进行研究，并在此基础上建立行为识别模型，如对垃圾邮件的识别。DPI 技术实现了对应用层净荷的特征检测，因此能够基本准确地呈现网络流量构成，并使用户行为分析成为可能，是实现精细化 IP 网管理的关键技术。对几种网络流量采集方案进行了对比，见表 2-1。

- 由于 SNMP 和 NetFlow 主要通过协议以及软件来实现，因此它们的成本比较低。
- SNMP 数据采集方式简单易行，主要是设备端口的出、入流量统计信息，数据的表现形式直观易懂。但是由于 SNMP 提供的流量监控是设备端口级的，因此不能对流量数据进行 IP 地址和协议端口的采集和分析，输出的网络流量信息只包含汇总后的信息，不能进行深入分析。同时，利用 SNMP 进行查询时容易发生丢失分组现象，稳定性较差。

表 2-1　网络流量采集方案对比

方案名称	基于 NetStream 技术方案		基于 NetFlow 技术方案	基于 sFlow 技术方案	基于网络探针方案
采集技术	NetStream		NetFlow	sFlow	Probes（探针）
采集设备	NE40A、NE40B		Cisco6506	Fastl ron SuperX	2 台 NetScout8 端口吉比特探针
信息形态	可记录每一笔流量、L3~L4 的封装分组数据		可记录每一笔流量、L3~L4 的封装分组数据	可记录每一笔流量、L2~L7 的封装分组数据	可记录每一笔流量、L2~L7 的封装分组数据
提供信息的完整性	可导出 L3~L4 流量信息，可提供较详尽的报表		可导出 L3~L4 流量信息，可提供较详尽的报表	可导出 L2~L7 流量信息，可提供较详尽的报表	可导出 L2~L7 流量信息，可提供较详尽的报表
网络行为分析	完整网络行为分析：提供的流量信息可用于分析网络行为模式，可查找网络攻击源		完整网络行为分析：提供的流量信息可用于分析网络行为模式，可查找网络攻击源	完整网络行为分析：提供的流量信息可用于分析网络行为模式，可查找网络攻击源	完整网络行为分析：提供的流量信息可用于分析网络行为模式，可查找网络攻击源
系统架构	集中式：由核心路由器提供信息		集中式：由核心交换机提供信息	集中式：由核心交换机提供信息	分布式：需按出口数量部署设备
系统扩展性	优		良，需按网络出口数量增添模块	良，需按网络出口数量增添模块	差，需按网络出口数量增加设备
方案实施难易程度	容易，不改变现网络拓扑结构，实施中不中断业务		困难，改变现网络拓扑结构，需将 N440、NE40B 上所有网络出口割接到 Cisco6506 上	困难，改变现网络拓扑结构，需将 NE40、NE40B 上所有网络出口割接到 Fastl ron SuperX 上	困难，改变现网络拓扑结构，需将 NE40、NE40B 上所有网络出口分别割接到 2 台 NetScout8 端口吉比特探针上
投资规模	采集设备	NE40A、NE40B 各增加 1 块 NTE（网络流量采样）板，13 万元	Cisco6506（NAM）24 吉比特光口，78 万元	Fastl ron SuperX 24 吉比特光口，35 万元	2 台 NetScout8 端口吉比特探针，110 万元
	分析系统	GenieATM 6333 等，60 万~70 万元	GenieATM 6333 等，60 万~70 万元	GenieATM 6333 等，60 万~70 万元	nGenius Performance Manager，25 万元
	数据存储	15 万元	15 万元	15 万元	15 万元
	合计	88 万~98 万元	153 万~163 万元	120 万元	150 万元

- 基于干路中桥接设备的采集技术由于直接把采集设备串联在链路中，一旦出现故障，容易影响整个网络。

- NetFlow 可以采集到从源到目的之间的、单向的一系列数据分组，并创建相应的流量记录，采集到的流量数据丰富，可以为各种网络分析提供支撑。但由于 NetFlow 中需要对交换机和路由器所转发的数据分组进行解析，并在内存中建立网络流量矩阵，因此，可能影响到网络设备的性能，同时对于流所对应的路由信息，无法实时输出流量信息。

- NetFlow 和网络流量镜像都采用了采样的方式，因此都有漏失数据的可能。

2.4　网络流量采集系统

目前比较典型的网络流量采集部署方案包括集中式和分布式两种。

（1）集中式部署方案

集中式部署方案将采集设备、流量分析仪和监控终端部署在网管中心，由多台设备协调完成流量的采集工作，网管中的采集机汇总数据后交付给流量分析仪，分析并存储数据，最后呈现给监控终端。

（2）分布式部署方案

在分布式部署方案中，在本地部署采集设备和流量分析仪，将流量分析结果存入本地数据库，而网管中心对汇总数据进行处理，实时监控网络流量，从控制端发送控制信息以实现对网络的实时监控。

可以看出两种部署方案各有优缺点，前者便于对数据进行全局把握和分析，设备利用率较高，即使采集点出现故障，也不需要到各个采集点维护配置，只需在管理中心统一管理，然而当数据量在网管中心汇总后会非常大，数据存储及处理压力变大，网络的不稳定极有可能造成数据的丢失，因而分析结果的可信度降低；后者由于分布式数据的预处理过程，汇总后的数据量较少，对网管中心的服务器压力和存储空间都有很大缓解，但是每个节点都需要配备相应的采集机导致设备利用率低，分布式采集方式使得管理和维护较难。

参考文献

[1]　杨家海, 吴建平, 安常青. 互联网络测量理论与应用[M]. 北京: 人民邮电出版社, 2009.

[2]　KLEINROCK L, NAYLOR W E. Measured behavior of the ARPA network and exposition[Z]. 1974.

[3]　GARRETT M, BRAUN H W. Report of the NSF-sponsored work-shop on internet statistics measurement and analysis[R]. 1996.

[4]　IPPM. IP performance metrics working group[R]. 1994.

[5]　CAIDA. Cooperative association for internet data analysis[Z]. 2011.

[6]　NLANR. National laboratory of applied network research[Z]. 2006.

[7]　KING A, DAINOTTI A, HUAKER B, et al. A coordinated view of the temporal evolution of large-scale internet events[Z]. 2012.

[8]　DHAMDHERE A, DOVROLIS C. Twelve years in the evolution of the internet ecosystem[J]. IEEE/ACM Transactions on Networking, 2011, 19(5): 1420-1433.

[9]　HUAKER B, FOMENKOV M, CLAY K. Geocompare: a comparison of public and commercial geolocation

databases[R]. 2011.

[10] KEYS K, HYUN Y, LUCKIE M, et al. Internet-scale IPv4 Alias resolution with MIDAR: system-architecture[R]. 2011.

[11] PAXSON V, MAHDAVI J, ADAMS A, et al. An architecture for large scale internet measurement[J]. IEEE Communications Magazine, 1998, 36(8):48-54.

[12] PAXSON V, ALMES G, MAHDAVI J. Framework for IP performance metrics: RFC2330[S]. 1998.

[13] QUITTEK R J, ZSEBY T, CLAISE B.IP flow information export: RFC3917[S]. 2004.

[14] WALDBUSSER S. Remote network monitoring management information base: RFC1757[S]. 1995.

[15] PSAMP. Packet sampling[Z]. 1999.

[16] RIPE. Reseaux IP Europeens network coordination centre[Z]. 2012.

[17] GEORGATOS F, GRUBER F, KARRENBERG D, et al. Providing active measurements as a regular service for ISP's[Z]. 2001.

[18] RIPE-RIS. Reseaux IP Europeens-routing information service[Z]. 2011.

[19] BUSH R, CARR B, KARRENBERG D, et al. IPv4 address allocation and assignment policies for the RIPE NCC service region[Z]. 2010.

[20] MCGREGOR T, ALCOCK S, KARRENBERG D. The RIPE NCC internet measurement data repository[J]. Passive and Active Measurement Lecture Notes in Computer Science, 2010: 111-120.

[21] MEDINA A, FRALEIGH C, TAFT N, et al. Taxonomy of IP traffic matrices[Z]. 2002.

[22] ROUGHAN M. Simplifying the synthesis of internet traffic matrices[J]. ACM SIGCOMM Computer Communication Review, 2005, 35(5): 93-96.

[23] 杨家海. 互联网络测量理论与应用[M]. 北京: 人民邮电出版社, 2009: 222-254.

[24] 邓正虹. 时空关系约束的流量矩阵估计方法研究[D]. 成都: 电子科技大学, 2009.

[25] 夏光峰. NetFlow 技术及其在高校网络管理中的应用研究[J]. 合肥学院学报: 自然科学版, 2007: 67-71.

[26] 孙玫, 张伟. 基于 NetFlow 的网络监控系统研究与设计[J]. 微计算机信息, 2007: 78-79.

[27] 陈宁. NetFlow 流量采集与存储技术的研究实现[J]. 计算机应用研究, 2008: 559-564.

第3章

网络流量的分析与预测

随着互联网向大规模、大容量和多业务方向发展，IP 网络规模呈指数级增长。各种网络相互连通、网络业务飞速增长，使得 IP 网络成为复杂的、异构的庞大网络。为了确保网络正常运行，并为广大网络用户提供基本的网络服务质量保证，网络运营商需要对网络的运行情况进行有效的控制、管理和监控，从而更好地进行负载均衡、网络规划、网络维护、流量监测和网络故障诊断等网络活动。从流量评估的角度了解网络流量的流动情况，得到了国内外研究人员的广泛关注。如果能够监控网络流量的全部状态，以全网的观点来观察和了解网络流量的特性以及流向情况，建立网络流量的完整视图，将更好地发挥这类网络监控技术的优势，从而在网络优化配置的基础上为网络用户提供特定服务质量保障。

3.1　网络流量的建模

网络流量模型是流量行为特征的数学近似，网络流量建模的基本原则[1]是：以流量的重要特性为出发点，设计流量模型以刻画实际流量的突出特性，同时又可以进行数学上的研究。从理论角度来看，网络业务流的数学模型提供了对流量特性简明的、抽象化的描述，其价值在于能够提取出网络流量的一些重要特性，并给出一个明确的量化表示。随着网络规模的扩大和各种网络服务的广泛应用，建立一个能够准确、有效地描述网络流量特性的流量模型，对保障 QoS、网络性能管理、准入控制等都有很重要的意义和作用。

在传统电话网时期，泊松（Poisson）模型是最经典的流量模型，它能很好地刻画网络流量。而到了现代计算机网络时代，人们发现流量具有自相似性。传统的网络流量模型在面对具有自相似性的流量时是无能为力的，因此，寻找新的适合自相似性的模型就显得十分必要了。由于自相似的概念来源于分形学，结合分形学，学者们提出了分形布朗运动模型和分形高斯噪声模型等，还有大量基于小波分析和神经网络的流量模型。

按照网络流量模型的发展历程及其应用范围，可以将网络流量模型划分为两大类：传统电话网流量模型和现代计算机网络流量模型。传统的电话网络流量模型主要是对网络流量建模以求解整个网络的性能，经典模型主要有泊松模型和马尔可夫（Markov）模型；而现代计算机网络中的流量模型则主要用于合成人工流量使其符合真实的网络流量，较为常见的模型主要有：分形布朗运动（fractional Brownian motion，FBM）模型、分形差分自回归移动平均（fractional autoregressive integration moving average，FARIMA）模型以及基于小波的流量模型等。

3.1.1　传统电话网流量模型

在传统电话网络时代，数据的传输使用的是电路交换方式，即在通信时，通过各电话站的交换机在通信双方之间建立一条被双方独占的物理通路。传统电话网通过模拟信号传输语音信息，独占的电路交换方式使得传输时延小、通信可靠，且由于实际线路的限制，传统电话网中的数据传输是受控的，网络中传输的流量大小也是有限的。为了提高线路的利用率、分析网络流量的特征以及全面评估网络性能等，学者们开始使用网络流量模型刻画传统电话网络。

在对传统电话网进行分析的各种方法中，排队论算法是最经典的也是应用最广泛的。排队论或称随机服务系统理论，是运筹学（operations research，OR）的一个分支。通过对服务对象到达及服务时间的统计研究，得出这些数量指标（等待时间、排队长度和忙期长短等）的统计规律，然后根据这些规律改进服务系统的结构或重新组织被服务对象，使得服务系统既能满足服务对象的需要，又能使机构的费用最经济或某些指标最优。排队论的第一个重大贡献要追溯到 Erlang（爱尔兰）关于电话业务问题的工作。Erlang 的主要兴趣在于电话交换中业务的平衡行为，他推导出了马尔可夫过程的柯尔莫格洛夫方程的平衡形式和不同数目等候呼叫的概率、呼叫的平衡等待时间以及一个呼叫掉线的概率。

图 3-1 给出了排队论基本模型。当电话站接到电话呼叫时，如果服务台正忙于另一服务，则新到的顾客就形成一个等待队列，直到服务台空闲或者他们等不及而离开该系统。同时，其他已到达顾客可以请求服务。如此形成的队列可以用到达（输入）过程、排队规则和服务机制来描述。排队规则决定了到达顾客形成队列的方式以及它在等待时的行为方式。输入过程和服务机制分别由到达时间间隔和服务时间所规定。传统电话网络的工作方式正是排队论所描述的工作方式，如图 3-2 所示。

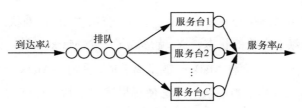

图 3-1　排队论基本模型

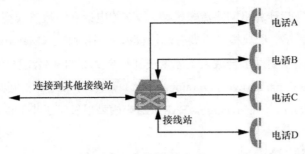

图 3-2　传统电话网络工作方式

针对传统的电话网络的流量建模主要是对输入过程进行建模分析，即对电话的到来规律进行建模，从而对整个电话网络的性能进行分析。通常使用的模型有泊松模型和马尔可夫模型。传统的网络流量模型一般是基于泊松过程的，这些模型产生的流量通常在时域上仅具有短相关性。随着时间分辨率的降低，即时间尺度变大，网络流量将趋于一个恒定值，即流量的突发性得到缓和。泊松模型有其确定的数学表达方式，应用于排队论时，能够进行精确的数学求解，从而掌握电话网的工作性能并使其可控。这些传统模型产生的流量序列，通常在时域上仅具有短相关性，所以在经过时间上的平均以后，其突发性会趋向于平稳。

（1）泊松模型

泊松模型是 20 世纪初 Erlang 根据电话业务的特征提出来的，最初用于电话网的规划和设计，可以较为准确地描述电话网中的业务特征并得到广泛的应用。在网络流量建模的早期，人们便使用泊松模型来研究网络流量。泊松模型即指在时间序列 t 内，分组到达的数量 $n(t)$ 符合参数为 λt 的泊松分布，即：

$$p_n(t) = \frac{\mathrm{e}^{-\lambda t}(\lambda t)^n}{n!}(n = 0,1,2,3,\cdots,N) \tag{3-1}$$

其相应的分组到达的时间间隔序列 T 呈负指数分布，即 $F(t) = 1 - \mathrm{e}^{-\lambda T}$。其中，泊松过程的强度 λ 表示单位时间间隔内出现分组数量的期望值，即分组到达的平均速率，其值为 $\lambda = 1/E(t)$。泊松模型假设网络事件（如数据分组到达）是独立分布的，并且只与一个单一的速率参数 λ 有关。泊松模型较好地满足了早期网络的建模需求，在网络设计、维护、管理和性能分析等方面发挥了很大的作用。

（2）马尔可夫模型

对于一个给定的状态空间 $S = s_1, s_2, \cdots, s_m$，$X_n$ 表示在 n 时刻状态的随机变量，如果 $X_{n+1} = s_j$ 的概率只依赖于当前的状态，X_n 就形成了一个 Markov 链。如果状态转换发生在离散时间序列 $(0,1,\cdots,n,\cdots)$，则称 Markov 链是离散的，否则称 Markov 链是连续的。Markov 属性意味着未来状态只依赖于当前状态，这使得描述一个状态持续时间的随机变量的分布呈指数分布（连续时间）或几何分布（离散时间）。在一个简单的 Markov 流量模型中，每次状态转换代表一个新的到达，因此到达间隔呈指数分布。常见的 Markov 模型主要有状态交替更新过程（alternating state renewal process）、马尔可夫调制泊松过程（Markov modulated Poisson process）和马尔可夫调制流体模型（Markov modulated fluid model）。

　　Markov 模型是利用某一变量的现在状态和动向预测该变量未来的状态和动向的一种分析方法。Markov 模型在随机过程中引入相关性，可以在一定程度上捕获业务的突发性。同时，Markov 方法是一种具有无后效性的随机过程，应用十分广泛。Markov 模型的缺点是只能预测网络的近期流量，而且无法描述网络的长相关性。

　　传统流量模型的优点是相应的概率理论知识发展比较完善，队列系统性能评价易于数学解析。由于传统的业务模型只有短相关性，即在不同的时间尺度上有不同特性，从而无法描述网络的长相关性。从传统模型得到的结论是：这些模型仿真产生的业务，通常在时域仅具有短相关性，当业务源数目增加时，突发性会被吸收，聚合业务变得越来越平滑，不能反映业务突发性；而且，传统模型产生的业务流高频成分多而低频成分少，相关结构呈指数衰减，因而不能准确地描述流量的自相似性。总结起来，有以下几点。

- 实际的数据分组和大部分连接的到达是相关联的，并不严格服从泊松分布。
- 传统的业务模型只具有短相关性，而流量自相似性反映业务在较大时间尺度上具有突发性，对缓存的占用比传统排队论的分析结果要大，这样会导致更大的时延。这说明泊松到达流量模型会降低网络的性能。
- 对于传统模型来说，当业务源数目增加时，突发性会被吸收，聚合业务会变得越来越平滑，但却忽略了流量的突发性。

3.1.2　现代计算机网络流量模型

　　随着计算机网络的问世，数据传输方式由电路交换变成了分组交换。分组交换是一种存储转发的交换方式，它将用户的报文划分成一定长度的分组，以分组为单位进行存储转发。每个分组独立进行传送，到达接收端口，再重新组装为一个完整的数据报文。分组交换能有效提高通信线路的利用率，也使得网络中的突发流量成为常见现象。在计算机网络发展初期，网络的规模较小、网络流量总量有限，对计算机网络的研究依旧沿用了经典的排队论方法，使用泊松模型和马尔可夫模型等对网络进行建模分析，取得了不错的研究成果。但是随着时间的推移和技术的不断发展，网络规模由局域网发展到了广域网，网络应用多样化、网络数据呈爆炸式增长，传统的泊松模型已经无法有效表达互联网的业务流量特征，需要提出新的流量模型。

　　随着研究的深入，Leland 等[2]第一次明确提出了网络流量的自相似性，随后，Erramilli 等[3]对大量的视频业务数据流量、Paxson 等[4]对 WAN 流量、Due[5]对 CCSN 流量、Addie 等[6]对 FASTPCA 流量、Klivansky 等[7]对 NSFNET 流量和 Crovella 等[8]对 WWW 流量的测试分析，都发现了网络流量的自相似特性，这引发了学者们对网络流量特性更深层次的研究。

自相似的概念是由分形学引出的，直观地描述分形的物理意义，就是将图形的任何一部分取出，进行不同比例的缩放都可以得出与原图形非常相似的形状。并且用不同尺度来度量这样的图形，也可以得到不同的结果，尺度越小，度量的结果越精细，当然图形的总长度也会随之变大。自相似是分形的一个重要特征，对于时间序列，它表示在不同的时间尺度下具有相同的统计特性。

与传统的马尔可夫过程不同，自相似过程的自相关函数具有特殊的衰减特征。目前还没有成熟的数学分析方法应用于非马尔可夫过程的排队系统，因此现阶段对自相似过程的研究主要采用计算机仿真的方法。目前对自相似过程 $X = (X_t, -\infty < t < \infty)$ 的定义有很多种方法，最常用的方法是使用它的分布来表征自相似的意义。如果 (X_{at}) 和 $a^H(X_t)$ 在 $a > 0$ 的情况下有完全相同的有限维度的分布，那么 X 就是一个带有 H 参数的自相似过程[9]。自相似过程的自相关函数的和为无穷大，自相关函数的衰减速度下降很慢，这表明其具有长相关性，不能忽略较长时间内的数据信号间的相关性。

自从 1994 年流量的自相似特性被发现后，各种基于自相似性的流量模型被不断地提出。学者们对流量模型的研究方向也发生了改变，由传统的短相关模型向长相关模型转变，这一时段有许多新的模型被提出，并被用于流量预测。

短相关模型与长相关模型的具体分类如图 3-3 所示。

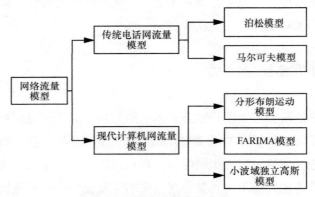

图 3-3 网络流量模型分类

基于网络流量的自相似性有两类建模方式：一类是构造建模（物理模型），这类方式试图利用已知的传输知识解释所观察到的数据特征，如资源共享导致大量信源叠加的事实，这类建模方式中具有代表性的有重尾分布的 on/off 模型、Alpha-Beta on/off 模型以及 M/G/∞ 排队模型；另一类是行为建模（统计模型），这类方法试图用数据拟合方法模拟所测量真实数据的变化趋势，代表模型有 FBM 模型和基于小波的模型等。下面将主要介绍统计模型中的几种。

（1）分形布朗运动模型

分形布朗运动是一种统计自相似过程的数学模型，主要用于生成布朗运动过程。其定义如下：

定义 2-1 设 $X(t)$ 为一般布朗运动，称满足如下条件的随机过程 $X_H(t)$ 为分形布朗运动：

$$\begin{cases} X_H(0) = 0 \\ X_H(t) - X_H(0) = 1/\Gamma(H+1/2)\left\{ \int_{-\infty}^{0}[(t-s)^{H-1/2} - (-s)^{H-1/2}]\mathrm{d}X(s) + \int_{-\infty}^{0}[(t-s)^{H-1/2}]\mathrm{d}X(s) \right\} \end{cases} \quad (3\text{-}2)$$

其中，$t > 0$，$0 < H < 1$，$X(s)$ 为一般布朗运动。当 $H = 1/2$ 时，FBM 即一般布朗运动。FBM 是一种不平稳的自相似过程，其自相似系数为 H。FBM 是一个均值为 0 的连续高斯过程，其平稳增量过程是分形高斯噪声（fractional Gaussian noise，FGN）。令 $Z_H(k) = X_H(k) - X_H(k-1)$，则 $Z_H(k)$ 即 FGN，FGN 是平稳的严格二阶自相似过程。

在此基础上，Norros[10]提出了一个自相似网络业务流模型。令 $A_t^{(i)}$ 为第 i 个信源在时间 $[0,t]$ 内输入的网络业务流，其输入平均到达速率为 m，网络的聚合业务流的形式化表示如下：

$$A_t = mt + \sqrt{am}X_t, t \in (0, +\infty) \quad (3\text{-}3)$$

A_t 表示到时刻 t 为止的所有网络业务流。其中，m 为整个网络流量的平均到达速率；$a > 0$，为方差系数；X_t 为标准的分形布朗运动且其自相似系数 H 满足 $0.5 < H < 1$。产生分形布朗运动的主要算法是 RMD 法[11]，但此算法生成业务的 Hurst 系数与期望值不一致：当 $0.5 < H < 0.75$ 时，其值偏大；而当 $0.75 < H < 1$ 时，其值偏小；尤其是当 $H = 0.5$ 时，生成的业务数据与标准的布朗运动有较大偏差。另一种方法是通过对分形高斯噪声的频谱进行快速傅里叶逆变换而获得业务数据，所生成的业务源 Hurst 指数具有较好的一致性，而且业务数据样本的边缘分布非常接近高斯分布[12]。此外，还可以采用小波变换[13]的方法和线性近似[14]的方法产生分形布朗运动。

FBM 模型能够描述网络业务流的自相似特性，只需要平均速率 m、方差 a 和 Hurst 3 个参数就可以完整地刻画整个模型，在数学上有坚实的理论基础且比较好处理，因而可以很方便地应用于流量的实时仿真和特性分析。FBM 模型分析网络流量时也存在一些不足：由于FBM 是严格的自相似过程，模型的参数较少使得其描述能力有限，可以用来对长相关数据进行建模，但无法描述业务的短相关特性，从而不能对既有长相关特性又有短相关性的流量准确建模；而且，FBM 模型带有高斯性，对于非负的信号（即非高斯性的信号）也不能很好地分析。

（2）小波域独立高斯模型

小波域独立高斯（wavelet-domain independent Gaussian，WIG）模型[15]可以用来合成一个高斯过程，基本过程[16]是逐步由 j 层的尺度系数和小波系数生成 $j+1$ 尺度下的尺度系数，其具体合成方法如下。

• 首先，生成小波尺度系数树的根节点 $U_{0,0}$，它是一个高斯随机变量。

- 然后，生成尺度 j 上的各个小波系数 $W_{j,k}$，它们是相互独立的零均值高斯分布随机变量，只要在不同尺度 j 上小波系数的方差满足幂律衰减，就可以实现对分形布朗运动或分形高斯噪声的合成[16]。

- 要计算更小尺度上的尺度系数，可以用生成的上一级尺度系数和相应的小波系数由上面的变换公式得出。通过递归计算求得最精细尺度 n 上的 $2n$ 个尺度系数，最终可以得到尺度系数序列 $U_{n,k}$，从而获得所求的合成长相关信号 $X(k)$。

对于合成长度为 N 的信号，这种合成方法的计算复杂度只有 $O(N)$。WIG 不仅能够表达随机过程中的长相关结构，还能表达其中的短相关结构。WIG 是一个单分形的加法模型，可以同时对流量的长、短相关特性进行描述，其研究价值非常大。同时，WIG 的计算复杂度低，可以被方便地应用到实际中。但是，WIG 模型仍然是高斯的，无法完整地描述突发的网络流量参数；当方差大于平均值时，WIG 合成的数据会出现负数，这也与实际不相符。

（3）多重分形小波模型

由于独立小波模型[17]的高斯本性，使用 WIG 并不能对实际网络中的小时间尺度下的突发状况进行把握，并且不能保证由独立小波模型产生的信号量非负。因此，独立小波模型并不能完全体现实际网络的真实特性。具有非高斯性质的多重分形小波模型（multifractal wavelet model，MWM）为了保证尺度系数的非负性，对 Haar 小波变换作了特殊的限制，将小波能量的衰减看作尺度的函数，用于网络业务的突发性建模，对小波系数和尺度系数增加一些限定条件，以此来保证信号的非负性。注意到小波逆变换迭代过程中，只要最粗糙尺度的尺度系数非负，并且满足 $\left|W_{j,k}\right| < U_{j,k}$，则迭代的每个公式都能保证尺度系数非负。MWM 中引入了因子 $A_{j,k}$，并使得：

$$W_{j,k} = A_{j,k} \times U_{j,k} \tag{3-4}$$

其中，A 是[-1,1]的独立随机变量，可以保证迭代中所有的尺度系数非负。MWM 产生模拟流量数据序列的过程可以简要描述如下：

1）$j=0$，生成一个最粗糙的（根）尺度系数 $U_{0,0}$；

2）在尺度 j 上，产生随机变量 $A_{j,k}$（可选 $A_{j,k}$ 为对称分布），并通过 $W_{j,k} = A_{j,k} \times U_{j,k}$ 计算 $W_{j,k}, k = 0,1,\cdots,2j-1$；

3）在尺度 j 上，用 $U_{j,k}$ 和 $W_{j,k}$ 由小波逆变换计算出尺度 $j+1$ 的 $U_{j+1,2k}$ 和 $U_{j+1,2k+1}, k = 0,1,\cdots,2j-1$；

4）增加 j，重复步骤 2）、步骤 3），直至达到尺度 $j = n$。

MWM 模型是一个多分形的乘法模型，用较少的参数就能对网络流量中的短相关和长相关特性进行描述，还能匹配实际流量小尺度下的多分形特性，且能达到比较快速的收敛。其算法复杂度也是 $O(n)$，可以很好地匹配实际网络流量。不足之处是，小波变换系数并非在每个尺度下都独立，而且小波基的选取也影响模型的质量。

还有许多其他的自相似模型，如确定性的混沌映射模型[18-20]、基于 MMFM 的改进模型[21]、基于 WIG 的改进模型、基于流的模型[22]和基于 α 稳态分布的模型[23]等，这里不再一一介绍。

自相似流量模型与传统流量模型的不同之处在于：自相似模型建立在网络特性的基础上，可以描述流量的突发性和长相关性，刻画了业务流量的自相似特性，有助于全面地认识网络业务流在各个方面的内在规律。表 3-1 对前文提到的部分模型做了简单的归纳整理。

表 3-1 流量模型对比

模型	物理意义	相关性	是否分形	复杂度
泊松模型	有	短相关	否	$O(n)$
马尔可夫模型	有	短相关	否	$O(n)$
分形布朗运动模型	无	长相关	单分形	$O(n)$
小波域独立高斯模型	无	长相关	多分形	$O(n)$

3.2 网络节点流量的预测

网络结构的差异性、网络环境的复杂性使得网络出现了大量不可预知的故障和问题。以往的应对措施是出现问题再研究如何解决问题，但是这种亡羊补牢的方式无法避免网络服务中断带来的损失。如果可以预知网络流量未来的趋势，那么根据流量的趋势分析可能发生的问题，提前采取相应措施则能够极大限度地保障网络的正常运行，把损失降到最低。流量预测是利用历史数据和当前测量的流量数据，对未来或者指定的某个时刻的流量的预测，即在一定的理论指导下对未来流量发展的可能趋势作合理的、在误差允许范围内的推断。在流量预测过程中，发现历史流量规律就是学习建模过程，然后根据建立的模型特征推断未来流量发展，接着用误差检验的方式，评估模型及预测方法的效果。网络流量预测对于设计新一代网络协议、网络管理、设计高性能路由器和负载均衡器等网络硬件设备以及提高网络的 QoS 等，都具有十分重要的意义。

预测本身存在着各种不确定性，一方面流量本身存在随机性；另一方面各种外界因素都可能影响预测结果。针对网络流量的预测与建模[24]，一直都是通信网络技术发展过程中备受关注的环节。

对于流量预测方法的研究有很多，而且分类方法也不统一，但是基本上分成两个方向：基于时间序列的预测方法和基于智能算法的预测方法，前者基于网络流量的短相关性和长相关性；后者一般应用于非线性系统。预测模型包括：神经网络理论模型、混沌理论模型和模糊理论模型等。基于时间序列的预测模型的特点是易于分析、模型简单、速度快和易于仿真分析，但是不能很好地反映真实数据的统计特性；而智能算法计算量较大、实时建模困难，但是能够描述流量的真实性质。当然还有两类方法相结合的预测模型，即混合预测模型。

网络流量预测方法有很多，而且分类方法不统一。本书将根据各预测方法的应用场景不同，对其进行分类介绍。图 3-4 给出了上述提到的一些流量预测方法的分类，本章后面的内容将对这些预测方法进行详细的描述说明。

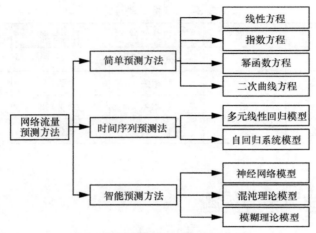

图 3-4　网络流量预测方法的分类

3.2.1　简单预测方法

在预测中，人们通常倾向于选择复杂的预测方法，但有时候简单的预测方法也是可以应用的。简单预测法简单易行，有时候也可以取得比较好的预测结果。在流量的采集与测量中得到的流量数据一般按照时间先后顺序进行存储，便于后续的分析和预测。简单地，可以认为时间与流量之间存在着某种函数关系，利用简单的曲线拟合方法就可以得到其函数表达式，从而对流量进行预测。这种方法计算简便但通常预测准确度较低，且不适合长期预测。

根据流量预测的需求，想要对未来某时刻或某个时间段进行预测，最简单的方法就是将时间看作自变量，将流量作为因变量，建立两者之间的函数关系。在众多的简单预测方法中，曲线拟合方法是最容易理解和实现的。曲线拟合方法的基本步骤是：根据统计数据值的变化趋势预测对象发展的规律，选择拟合曲线类型，然后根据统计数据计算相关参数，得到以时间为变量的预测曲线方程，即可得到特定时间的预测值。常用的拟合函数有线性函数、指数函数、幂函数、二次曲线以及成长曲线等，其中成长曲线是一种不持续增长的曲线，长期来看会达到饱和，常用的有龚珀兹（Gompertz）曲线和逻辑（logistic）曲线方程。

在流量的短期预测中，常见的是将曲线拟合方法与趋势外推法相结合，趋势外推法的基本原理是假设未来发展趋势和过去发展趋势一致，因此比较适合于近期预测，而不太适用于中、远期预测。在选择方程时，若相邻两期的增长量基本相等，则属于线性增长，可以考虑采用线性方程预测，若增长量越来越大，则可以考虑采用其他的曲线方程。若假设 y_t 表示第 t 年的业务量，则骨干网规划预测中常用的曲线方程如下。

- 线性方程：$y_t = a + b \cdot t$。
- 指数方程：$y_t = a \cdot b^t$。
- 幂函数方程：$y_t = a \cdot t^b$。
- 二次曲线方程：$y_t = a + b \cdot t + c \cdot t^2$。

其中，t 是变量；a、b、c 是各曲线方程的系数，是待求解的参量。

这种方法只是简单地向外延伸，而实际上任何一种业务量都会逐步达到饱和，而不是持续增长。从长期角度来看，大多数业务量的发展应符合饱和型曲线，一般也称 S 曲线，常用的方程有龚珀兹曲线和逻辑曲线方程。

简单预测方法的优势在于简单易行，但通常也意味着预测准确度不高。但在评估其他预测方法的性能时，通常将简单预测方法作为基准，其他预测方法与简单预测方法相比较，应该有着显著的预测精度提高或者其他显著的优势。

3.2.2　时间序列预测法

实际上流量的变化是受很多因素的影响的，比如地域、人口变化等，这时采用多元线性回归分析，同时考虑到多种影响因素能取得更好的预测效果，且计算难度低，但其仍然不适合进行长期预测。在传统电话网时代，结合泊松模型、曲线拟合方法和多元线性回归方法能较好地对流量进行预测。但到了现代计算机网络时代，由于流量呈现明显的自相似性，简单的数学分析方法并不适用。为了更好地研究流量变化的规律，找出各流量值之间的关系，学者们引入了时间序列的分析方法。

时间序列是指社会经济活动中，某一变量或指标的数值和观察值，按其出现的先后次序，且间隔时间相同而排列的一系列数值。时间序列是数理统计学的一个分支，能进行动态数据处理，是基于随机过程和数理统计学研究按时间顺序排列的数据间的变化规律。网络流量就是以时间序列的方式采集和记录的。为标记方便，前 n 个等时间距的时间序列记为 $y_1, y_2, \cdots, y_n$。时间序列预测是用被预测事物的过去和现在的观察数据，构造依时间变化的序列模型，并借助一定的规则来推测未来。即在已有的时间序列 $y_1, y_2, \cdots, y_n$ 的基础上，对该时间序列未来的时刻 $y_{n+1}, y_{n+2}, \cdots$ 的数值进行预测。

时间序列法根据客观事物发展的规律性，运用历史数据推测未来的发展趋势。时间序列数据的变动有规律性和不规律性，时间序列中的每个观察值是影响其变化的各种不同因素在同一时刻作用的结果。一般来说，时间序列主要受趋势变化因素、季节变化因素、循环变化因素与不规则变化因素 4 种因素的影响。1976 年，美国学者 Box 和 Jenkins[25]提出了一整套关于时间序列经典分析、建模和预测的方法，被称为博克斯-詹金斯（Box-Jenkins）建模方法，这一建模方法的提出使得时间序列方法得以迅速发展，并很快成为预测领域的主要方法之一，其主要方法如下[26]。

- 移动平均法：根据时间序列逐项推移，依次计算包含一定项数的序时平均数，将这一平均值作为下一时期的预测值。当时间序列不存在季节性因素时，移动平均法能有效地消除波动。

- 简单指数平滑法：由 Brown[27]提出，他认为时间序列的趋势是稳定和规则的，所以时间序列可以被顺势推延。指数平滑的基本形式为：$S_t = \alpha x(t-1) + (1-\alpha)S_{t-1}$，$S_t$ 表示时间 t 的平滑值，α 为平滑参数。

（1）多元线性回归模型

在市场的经济活动中，经常会遇到某一市场现象的发展和变化取决于几个影响因素的情况，也就是一个因变量和几个自变量有依存关系。而且有时几个影响因素的主次难以区分，或者有的因素虽属次要，但也不能略去其作用。例如，某一商品的销售量既与人口的增长变化有关，也与商品价格变化有关。这时采用一元回归分析预测法进行预测是难以奏效的，需要采用多元回归分析预测法。同样在对流量变化进行分析时，当研究影响流量因素时，影响因素往往不止一个，于是可以采用多元回归模型进行分析。

在回归分析中，如果有两个或两个以上的自变量，就称为多元回归。事实上，一种现象常常是与多个因素相关的，由多个自变量的最优组合共同预测或估计因变量，比只用一个自变量进行预测或估计更有效，更符合实际。因此多元线性回归比一元线性回归的实用意义更大。一元线性回归是将一个主要影响因素作为自变量解释因变量的变化，在对现实问题的研究中，因变量的变化往往受几个重要因素的影响，此时就需要用两个或两个以上的影响因素作为自变量来解释因变量的变化，这就是多元回归，亦称多重回归。当多个自变量与因变量之间是线性关系时，所进行的回归分析就是多元线性回归。设 y 为离散随机变量，$x_1, x_2, \cdots, x_k$ 为 k 个影响变量，均为离散变量，并且自变量 y 与因变量之间为线性关系时，则多元线性回归模型如式（3-5）所示：

$$y(t) = b_0 + b_1 x_1(t) + b_2 x_2(t) + \ldots + b_k x_k(t) + e \tag{3-5}$$

其中，$y(t)$ 和 $x_1(t), x_2(t), \cdots, x_k(t)$ 分别表示第 t 个时刻的因变量值和自变量值，b_0 为常数项，$b_1, b_2, \cdots, b_k$ 为回归系数，e 为高斯白噪声。

建立多元性回归模型时，为了保证回归模型具有优良的解释能力和预测效果，应首先注意自变量的选择，其准则是：

- 自变量对因变量必须有显著的影响，并呈密切的线性相关；

- 自变量与因变量之间的线性相关必须是真实的，而不是形式上的；

- 自变量之间应具有一定的互斥性，即自变量之间的相关程度不应高于自变量与因变量之间的相关程度；

- 自变量应具有完整的统计数据，其预测值容易确定。

简单预测法是简单地将流量看作时间的函数，而多元线性回归模型则需要考虑到多种影响因素。很显然，网络中流量的变化不是简单的随时间变化的函数关系，流量的变化与人口增长、网络规模增长和网络结构变化等多方面的因素都有一定的关系。这些影响因素并不是一个固定的值或者简单地满足某种函数关系，它们本身也处于不停的变化之中，统计学中称它们为随机变量。如何描述一个随机变量与影响它变化的多个随机变量之间的关系，多元线性回归模型能给出较好的解答。

（2）自回归系列模型

大规模网络本身是复杂非线性系统，同时受多种外界因素的影响，不仅呈现出非平稳动态随机变化特性，且其内部运行关系也很难确定，在描述网络流量行为的模型中，时间序列模型中的回归类模型起着相当重要的作用。回归类模型在时间序列建模和预测领域应用较为广泛，在回归模型随机序列中，下一时刻的随机变量是由过去一个特定时间窗口中的随机变量以及一个白噪声移动平均值来决定的。回归类模型主要包括自回归（auto regressive，AR）模型、自回归分数整合滑动平均（fractional auto regressive integration moving average，FARIMA）模型和差分自回归移动平均（auto regressive integrated moving average，ARIMA）模型。

（a）AR 模型

AR 模型是 Yule 在 1927 年为了预测太阳黑子的数目而提出来的，该模型采用自动回归法，强调时间序列未来的点数由同一时间序列过去的值决定；在技术上，它采用线性映射，用过去的值映射未来的值，在给定的时间序列中选取函数的参数，使得预测结果的误差最小。P 阶自回归模型 AR(p)随机变量的当前值 X_t 由过去 p 个值的线性组合加一个白噪声扰动项 ϕ_t 组成，形式如下：

$$X_t = \phi_1 X_t - 1 + \phi_2 X_t - 2 + \cdots + \phi_p X_t - p + \varepsilon_t \tag{3-6}$$

其中，ϕ_j 为实数。使用 AR 模型预测时，只需求解线性方程组，计算相对简单。因此，AR 模型的应用很广泛。尽管 AR 模型易于计算，但其自相关函数以指数形式衰减，所以不能很好地模拟比指数衰减要慢的自相关结构的流量。

（b）ARIMA 模型

ARIMA 模型是由博克思（Box）和詹金斯（Jenkins）[25]于 20 世纪 70 年代初提出的一个著名的时间序列预测方法，所以又称为 Box-Jenkins 模型、博克思-詹金斯法。其中，ARIMA（p,d,q）模型称为差分自回归移动平均模型，AR 是自回归，p 为自回归项数；MA 为移动平均，q 为移动平均项数，d 为时间序列变平稳时所做的差分次数。所谓 ARIMA

模型，是指将非平稳时间序列转化为平稳时间序列，然后对因变量的滞后值以及随机误差项的现值和滞后值进行回归所建立的模型。

ARIMA 模型是研究时间序列的重要方法，由自回归模型与移动平均模型为基础构成。将预测指标随时间推移而形成的数据序列看作一个随机序列，这组随机变量所具有的依存关系体现着原始数据在时间上的延续性。一方面，受到影响因素的影响；另一方面，又有自身变动规律。x_t是离散平稳时间序列，则 ARMA 模型的理论计算式如式（3-7）所示：

$$y_t - \varphi_1 \cdot y_{t-1} - \cdots - \varphi_p \cdot y_{t-p} = e_t + \theta_1 \cdot e_{t-1} + \cdots + \theta_q \cdot e_{t-q} \tag{3-7}$$

其中，$\varphi_1, \varphi_2, \cdots, \varphi_p$ 为模型的自回归系数，$\theta_1, \theta_2, \cdots, \theta_q$ 是模型移动平稳的系数。e_t 是独立同分布的随机变量序列，且 e_t 序列满足方差 $\mathrm{Var}_{e_t = \sigma_e^2 > 0}$，且 $E(e_t) = 0$。若 y_t 满足上述两个条件，则称时间序列 y_t 为 p 阶的自回归模型。现引入滞后算子 B，令 $B^j \cdot Y_t = Y_{t-j}$，$B^j \cdot Z_t = Z_{t-j}$，则式（3-7）简化为式（3-8）：

$$\phi(B) \cdot Y_t = \theta(B) \cdot Z_t \tag{3-8}$$

ARIMA 模型可以处理非平稳时间序列。所谓平稳时间序列是指具有固定均值和方差的时间序列，序列上的值均在均值上下浮动。它们没有周期特征和趋势成分。如果一对值具有一定的时延，而另一对也有同样长度的时延，则它们具有相同的协方差。白噪声就是一个随时间序列随机分布的离散序列，其期望和方差均为常数。白噪声是组成 MA 模型的重要组成成分，而 MA 模型是 ARIMA 模型的一部分。与之相对的是非平稳时间序列具有周期特征或趋势成分。

ARIMA 建模的基本思想是对非平稳时间序列用若干次差分使其成为平稳时间序列，然后对 ARIMA 的自回归、移动平均次数 p 和 q 定阶，最后建立 ARIMA 对时间序列进行预测。

基于 ARIMA 的预测过程可分为如下 3 步。

- 模式识别：用 ACF 和 PACF 确定数据间的依赖关系，将非平稳的时间序列差分成平稳时间序列。
- 参数估计：用合适的模型拟合观察到的数据。该步主要确定线性组合的系数。目前有很多技术可以用来计算模型的系数，例如最大似然估计和最小二乘。
- 预测：预测未来的数据。

ARIMA 的建模过程如图 3-5 所示。

因不能保证流量时间序列是平稳时间序列，所以选择 ARIMA 模型预测。首先采用单位根检验方法检验时间序列的平稳性，如果时间序列不是平稳的，则采用迭代差分的方法将非平稳时间序列转化成平稳时间序列，然后利用 ARMA 模型对时间序列建模；如果时间序列是平稳的，则跳过差分过程直接使用 ARMA 模型。

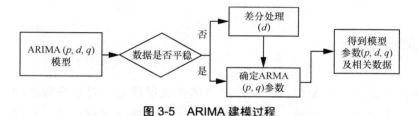

图 3-5　ARIMA 建模过程

基于 ARIMA 模型的预测方法显然也应用到了线性回归模型中，但这种线性回归模型是对时间序列中相邻两个数据的相关关系进行建模，即自回归模型。ARIMA 模型能充分利用流量时间序列中相邻数据间的相关性从而提高预测精度，这也使得 ARIMA 模型对于具有自相似性的网络流量的预测，能充分发挥其优势。

（c）FARIMA 模型

FARIMA(p,d,q)[28-29]是 ARIMA(p,d,q)的一个扩展形式，其定义如下。

定义 3-1　（FARIMA）若均值为 0 的平稳随机序列 X_k 满足如下条件：

$$\begin{cases} \phi(B)\Delta^d X_k = \theta(B)\varepsilon_k, d \in (-0.5, 0.5), BX_k = X_{k-1} \\ \phi(B) = 1 - \phi_1 B - \phi_2 B^2 - \cdots - \phi_p B^p, \Delta^d = (1-B)^d \\ \theta(B) = 1 - \theta_1 B - \theta_2 B^2 - \cdots - \theta_q B^q, C_d^k (-1)^k = \Gamma(-d+k) / (\Gamma(-d)\Gamma(k+1)) \end{cases} \tag{3-9}$$

则称 X_k 是 FARIMA(p,d,q)过程。其中，Γ 为 Gamma 函数，ε_k 为高斯过程。当 $k \to \infty$ 时，其自相关函数为：

$$\rho_x(k) \approx \frac{\Gamma(1-d)}{\Gamma(d)} |k|^{2d-1} \tag{3-10}$$

因此，FARIMA (p,d,q) 是二阶渐进自相似过程，且具有自相似参数 $H = d + 1/2$。FARIMA 是一个时间序列模型，通过 p、d、q 这 3 个参数来控制自相关结构，用 $p+q+1$ 个参数刻画样本中的短相关结构：采用 $d = H - 0.5$ 描述样本的长相关结构。参数 d 的取值区间不同，FARIMA 过程的特性也不同。如果 $p = q = 0$，FARIMA $(0,d,0)$ 是 FARIMA (p,d,q) 过程的最简单形式，一般称为分形差分噪声。事实上，当 $0 < d < 0.5$ 时，FARIMA (p,d,q) 过程可以被看作一个分形差分噪声 FARIMA $(0,d,0)$ 驱动的 ARMA (p,q) 过程，其数学表达为：

$$X_k = \phi^{-1}(B)\theta(B)Y_k \tag{3-11}$$

其中，$Y_k = \Delta^{-d} \varepsilon_k$ 是 FARIMA $(0,d,0)$ 中的分形差分噪声。分形 FARIMA (p,d,q) 算法其实就是先产生分形差分噪声 FARIMA $(0,d,0)$，然后利用分形差分噪声驱动 ARMA 模型获得 FARIMA 模型。实现分形差分算子是 FARIMA 网络流量建模的一个关键，可以利用 Hurst 参数估计法间接地对 d 进行近似估计。

FARIMA (p,d,q) 是一种渐近二阶自相似过程，可以有效地描述样本流量的长相关特性，同时也能很好地表示具有短相关结构的业务流量。

3.2.3 智能预测方法

随着智能算法的不断发展，其良好的非线性映射能力、灵活有效的学习方式在流量预测领域的应用中表现出较大的优势和潜力。其中神经网络理论、模糊理论和混沌理论等已在通信、交通、气象和水文等领域中应用。近年来，随着智能算法的日趋成熟，神经网络等算法在复杂流量的预测领域中也有着诸多应用，在长期预测中也有着良好的表现。

（1）神经网络模型

人工神经网络（artificial neural network，ANN）是基于生物学中神经网络的基本原理、按照控制工程的思路和数学描述的方法建立起来的数学模型。ANN 预测模型[30]利用采集历史流量数据整理成神经网络的训练集，通过训练确定网络模型，并用该模型估计未来指定时间的流量。预测时需要大量的训练样本和迭代，不断修正模型，从而增加了时间和空间复杂性。

（2）混沌理论模型

混沌是一种复杂的运动形式，具有不可长期预报性、不可分解性和稠密的无穷多个周期轨道。网络业务流量具有混沌性，从混沌时间序列的角度研究自相似的业务流速率是可行的。参考文献[31]提出的混沌模型的基本思想是，基于最大 Lyapunov（李雅普诺夫）指数的预测方法直接根据数据序列本身所蕴含的规律来进行预测，不需要事先建立主观的分析模型，它具有精度高、可信度高的优点。

（3）模糊理论模型

模糊理论是处理不确定性、非线性等问题的一种有力工具，比较适合于表达模糊或定性的知识。由于网络流量是一个非平稳的时间序列，而模糊理论能够对时间序列进行预测，因而可以把模糊理论引入网络流量的建模和预测的研究中。

表 3-2 总结并对比了部分预测方法。

表 3-2　流量预测方法对比

预测方法	算法基础	算法复杂度	预测准确度	应用场景
趋势外推法	函数拟合	简单	较低	短期预测
多元线性回归	统计分析方法	简单	较低	短中期预测
ARIMA 预测	时间序列分析	较复杂	较高	中长期预测
神经网络	智能算法	复杂	高	长期预测
混沌理论	智能算法	复杂	高	长期预测
模糊理论	智能算法	复杂	高	长期预测

3.3　网络流量矩阵的估计

流量矩阵可以完整地描述网络中所有流量需求的分布情况，结合网络路由信息还可清晰地反映出各条链路的流量构成，是网络管理、网络规划以及流量工程中重要并且关键的参数。流量矩阵存储了全网的流量信息，可以完整地描述互联网中的所有 OD 对流量的分布情况[32-33]，再根据网络邻接矩阵和路由算法计算出网络中各条链路的流量成分。

流量矩阵是许多网络规划和流量工程任务的关键输入，精确的流量矩阵至关重要，但在 IP 网络中，要对网络流量直接进行测量是很困难的[34-35]，原因如下。

- 计算流量矩阵需要通过 IP 网络的所有端节点收集流量统计信息，然而在现有的复杂异构网络环境中，功能相近或相似的网络设备往往由不同的网络设备商提供，由于不同厂商的实现技术不一样，彼此之间很难相互协作，特别是网络中的核心路由器，即使它们之间有相互协作能力，也会因为引入主动测量而增加设备的负担，从而影响整个网络的性能。

- 为了进行恰当的处理，收集的流量统计数据需要通过网络发送到某一中心节点，但是这些数据的传送将产生较大的通信开销，而在中心节点的数据处理也会产生额外的计算开销。随着网络规模的增加，这种通信开销和计算开销将会进一步增长，从而导致网络性能下降。

- 在给定收集流量统计数据具体粒度（granularity）的情况下，构造流量矩阵需要路由状态和网络配置的具体信息[36]。然而使用现有的流量监控设备将产生海量数据，在中心节点存储这些数据需要庞大的存储空间，这将导致非常大的存储开销，从而阻碍对网络流量矩阵的直接测量。

- 网络服务提供商（ISP）将网络流量的流动情况、网络资源的利用情况等信息作为各自重要的商业秘密而加以保护，因而从他们自身利益来说，他们不愿意直接参与对网络流量的直接测量。如果没有这些相对独立的 ISP 的参与，要想通过直接测量来获得网络的流量矩阵是非常困难的。

流量矩阵通常需要获取网络流量的所有状态信息，然而直接测量规模庞大的网络的代价太大，几乎不可能实现。目前，获取流量矩阵的主要方法是使用有限的测量信息估计出满足一定精度要求的流量矩阵。被动的间接测量，即流量矩阵估计，是目前获得网络流量矩阵的主要方式，它采用迂回的方式，通过测量其他容易获得的测量值来间接获得网络的流量矩阵。流量矩阵估计现在已被广泛用于负载均衡、路由最优化、网络管理、拥塞控制、网络设计、网络规划、流量侦测和网络故障诊断等网络活动中，为网络操作人员提供了有力的帮助[37]。

3.3.1 流量矩阵估计的基本问题

流量矩阵的估计即在链路流量和路由流量已知的情况下，计算出流量矩阵的估计值，如图 3-6 所示。

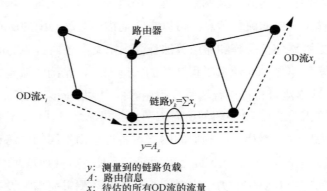

图 3-6　流量矩阵估计的示意图

流量矩阵估算所要解决的问题就是在已知链路流量 Y 和路由矩阵 A 的情况下从式（2-2）中求出流量矩阵 X。其中，链路流量 Y 可以通过一般的流量数据采集方法（如 SNMP 等）得到，路由矩阵 A 可以通过路由器的配置信息或者收集 OSPF 或者 IS-IS 的链路权重并计算最短路径来得到[38]。通常由于网络中 OD 对的数量要远大于链路数，即 $J \gg I$，A 不是一个满秩矩阵，这意味着式（2-2）将有无穷多组可能解，是一种病态的线性逆问题（ill-posed linear inverse problem）。

如何有效克服流量矩阵估计的高度病态特性，是当前流量矩阵估计面对的主要挑战。研究人员对流量矩阵估计进行广泛研究，通过研究流量矩阵的特征、建立 OD 流模型和增加关于 OD 流的附加信息来克服流量矩阵估计问题的病态特性，以获得对流量矩阵的精确估计。

3.3.2 流量矩阵估计方法分类

在病态状况下，进行估算的关键因素是先验信息的来源，迄今为止，获得先验信息最常用的方法有重力模型、基于均值-方差关系以及其他方式。先验信息的好坏在一定程度上决定了估算的精确程度。随着网络流量测量技术的不断发展，接入链路和对等链路的链路流量也能够测量得到，甚至能获得较短时间内的实际流量矩阵。这些附加信息也给流量矩阵的估算准确度的提高提供了更大的发展空间。

图 3-7 对估算方法进行分类。

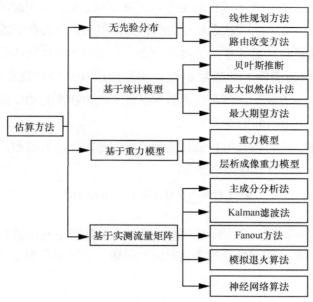

图 3-7　估算方法的分类

3.3.3　无先验分布的流量矩阵估计

（1）线性规划方法

线性规划（linear programming，LP）方法主要用于研究有限资源的最佳分配问题，它不需要先验信息，也不假设流量的需求分布，只要确定目标函数和约束条件即可。Nucci 等[39]将线性规划方法应用于流量矩阵的估算，视链路负载矩阵 Y 为有限资源，最佳分配问题为如何将链路上的负载分配给各个 OD 对。

线性规划方法的核心是如何选择合适的目标函数。解决约束过少的线性系统的经典方法是最小化欧几里德范式，但难以实现。也可以使用单纯型法进行估算，内点方法可以产生精确的估算结果。目前较常用的为应用 LP 方法来寻找 OD 对数可能值的边界，OD 对数的最坏界（worst case bound）可以进行公式化表示。最优化问题为：

$$\begin{cases} \max(\min)x_i \\ \text{s.t.}\ \ y = Ax, x \geqslant 0 \end{cases} \tag{3-12}$$

下界为 0，而上界是 OD 对路径的最少链路流量。但很多情况下某些 OD 对可能会找到更紧凑的边界值，某些 OD 对的边界值非常接近。然而，由于每个 OD 对都需要求解两个 LP 问题，所以该方法的计算量是相当大的。

（2）路由改变方法

如前所述，由于 A 是一个不满秩的矩阵，所以 $Y=AX$ 是一个病态的线性逆问题，不能直接进行求解。路由改变方法[40]就是通过改变链路的权重，从而改变路由，使 OD 流在不同的路径上流动。通过这样足够多次的路由改变，从而增加路由矩阵的秩，使路由矩阵尽可能达到满秩或近似为满秩。然后根据每一次路由改变后新的路由矩阵收集路由器间 SNMP 数据，路由改变方法使用所有收集的数据校正附加噪声的 OD 流模型，这是一个动态模型，它捕获 OD 流随时间的变化情况。

在路由改变方法[41]中，假设每日流量图形为周期静态、波动过程为具有协方差矩阵 Q 的零均值静态过程，将 OD 流模型表示为：

$$x(i,j,t) = \sum_h \theta_h(i,j)b_h(t) + \omega(i,j,t) \tag{3-13}$$

其中，第一项是傅里叶扩展，第二项是静态波动。为了把路由变化和 OD 流时间模型联系起来，扩展系统 $y = Ax$，现在路由矩阵是时间的函数，并被修改为包括许多合并不同路由映射的块矩阵。

3.3.4 基于统计模型的估算方法

在 1996 年，Vardi[42]首先提出使用网络层析成像解决式（2-2）所描述的反问题，但是他把 OD 流建模为简单的泊松分布。随后 Tebaldi 等[43]使用贝叶斯方法[44]求解流量矩阵。在 1997 年，在 Vardi 的基础上，将 OD 流建模为高斯（Gaussian）分布，并运用最大期望（expectation maximization，EM）算法[45-46]和 IPFP（iterative proportional fitting procedure）方法[47]来求解流量矩阵。

很长时间以来，网络中的语音和数据业务的流量都是用泊松过程进行描述的，泊松过程结构简单，能够进行精确的排队分析。但 Leland 等在 1993 年第一次明确提出了网络流量的自相似性，并分析认为自相似现象对网络的建模和网络的分析产生了重要的影响。因此使用针对传统电话网络的泊松模型对现在实际的网络流量进行建模是不够准确的，但是为了建模的简单和计算的方便，OD 网络流量估算统计方法大多数假设流量服从简单分布，即泊松分布或正态分布，并且用合成数据流量验证算法的有效性。

（1）贝叶斯推断

典型的贝叶斯推断（Bayesian inference）方法并没有定义如何获得先验信息，而是将链路流量信息合并到重力模型先验信息中。贝叶斯推断方法是在给定链路流量 y 和先验信息的情况下，计算 OD 对流量 x 的条件概率分布。

Tebaldi 等[43]在 1998 年使用了泊松分布 $X_n \sim \text{Poisson}(\lambda_i)$，且所有 OD 对 i 都相互独立。目标是获得 $P(x,\lambda \mid y)$，即在已知链路流量 y 的条件下，求 x 和 λ 的联合分布。为了便于计

算，使用马尔可夫链蒙特卡罗（Markov chain Monte Carlo，MCMC）方法获得后验分布，基本迭代是标准 Gibbs（吉布斯）抽样，迭代步骤定义如下：

$$\begin{cases} \lambda^i = P(\lambda \mid x^i, y) \\ x^{i+1} = P(x \mid \lambda^i, y) \end{cases} \tag{3-14}$$

如此迭代，直到找到可行解为止。很明显，在迭代开始时需要 x 的先验信息，最终解通过先验信息和链路流量求得，所以，先验信息对最终解的精确度影响很大，这是贝叶斯推断方法的主要缺点。

（2）最大似然估计方法

最大似然估计（maximum likelihood estimation，MLE）方法是一种常用的参数估计方法，它以观测值出现的概率最大作为准测。假设在某时刻未观测的 OD 比特流量是一个服从均值 E 和方差 D 的独立正态随机变量。在 MLE 方法中，通过均值–方差关系，使用二阶矩估算 OD 对流量的均值以得到先验信息；该方法需要若干个服从独立同态分布（independent identical distribution，IID）的、可用的、连续的链路流量。

MLE 方法是根据已知链路信息估算未知的 OD 对的流量需求以及它们的特征参数。设网络中总共有 N 个需求，并假设所有的流量需求都服从正态分布，即 $X_n^* \sim \text{Normal}(\lambda^*, \Sigma^*)$，$X_n^*$ 是独立正态随机变量，其中 $\lambda^* = (\lambda_1, \lambda_2, \cdots, \lambda_n)'$ 表示流量需求的均值，Σ^* 为流量需求的方差矩阵。均值和方差的关系为 $\Sigma^* = \phi \lambda_n^c$，其中 c 是一个常数，ϕ 是一个尺度项。$Y = (y_1, y_2, \cdots, y_T)$，$y_t$ 是 t 时刻所有链路流量构成的列向量，并假设这些测量值相互独立，则 $Y \sim \text{Normal}\left(A^* \lambda^*, A^* \sum^* A^{*t} \right)$。

（3）最大期望方法

通常，流量矩阵估算问题的规模是很大的，所以需要使用数学算法来寻找 MLE，最常用的就是最大期望（EM）算法，它是一种从不完整数据中推算未知参数的数值迭代搜索算法。在应用于流量矩阵估算时，视流量矩阵 X 为完整数据，它表示了完整的 OD 对之间的流量需求，而视链路负载矩阵 Y 为不完整数据，待推算的未知参数为流量需求分布中的未知量。

当数据的某些部分缺失而无法直接进行极大似然估计时，EM 算法提供了一种有效的迭代过程来计算似然函数。

假设在 i 时刻未观测的 OD 比特流量 x_i 是一个服从均值 λ 和方差 Σ 的独立正态随机变量：

$$x_i \sim \text{Normal}(\lambda_i, \Sigma), i = 1, 2, \cdots, n \tag{3-15}$$

则相应地被观测的链路比特流量 y_i 的分布为：

$$y_i = A x_i \sim N(A\lambda, A \sum A), i = 1, 2, \cdots, n \tag{3-16}$$

其中，$\sum = \phi\lambda_i^c$ 描述比特流均值和方差之间的关系。在 EM 算法中要估算的参数是 $\theta = (\lambda, \phi)$。定义最大似然估计分析是基于由 T 个 IID 链路流量值推断出一系列 OD 比特流量值。在式（3-15）的假设下，$\theta = (\lambda, \phi)$，对数似然函数为：

$$\ell(\theta \mid y) = -\frac{T}{2} \lg |A \sum A'| - \frac{1}{2} \sum_{t=1}^{T} (y_t - A\lambda)' (A \sum A')^{-1} (y_t - A\lambda) \tag{3-17}$$

因为 $\sum$ 和 λ 是函数上映射的，很难直接求解。寻找服从条件 $\varphi > 0, \lambda > 0$，发现可以利用 EM 算法进行数理搜寻，所得完全数据的对数似然函数接近于正态形式。

3.3.5 基于重力模型的估算方法

（1）重力模型

重力模型（gravity model）是最简单的一种计算流量矩阵的方法，它的名字来源于牛顿的地球重力定律，通常被社会科学家用来对地域间人口、货物或者信息的流动进行建模。在牛顿的地球重力定律中，两个物体之间的力与两个物体重量的乘积及它们之间距离的平方成一定的比例关系。其基本思想是，如果不知道比特流的来去，则最好的推测方法是估计网络中每个节点接收和发送的流量值的比例。

在流量矩阵估算中，重力模型可以采用参考文献[42,48]所提出的通信流量需求的表达方式：$X_{sd} = k_s \dfrac{Q_s T_d}{d_{sd}^{\alpha_s}}$，排斥项（repulsion term）$Q_s$ 是来自于节点 s 的总流量，吸引项（attraction term）T_d 是终止于节点 d 的总流量，数字项 d_{sd} 是节点 s、d 之间的距离函数，α_s 是距离参数，系数 k_s 是一个标准化常量。Zhang 等[49]提出的方法把标准化系数和距离函数合起来形成源、目的之间的摩擦系数（friction factor）f_{sd}，表达式为：

$$X_{sd} = \frac{Q_s T_d}{f_{sd}} \tag{3-18}$$

Zhang 等[49]同时对基本重力模型进行扩展，提出了主要用于链路级流量矩阵估计的通用重力模型（generalized gravity model）。该模型不仅使用了主干网链路的 SNMP 数据，而且还使用了接入链路和对等链路（peering link）的链路流量。这不仅可用于获得先验信息，还可以设定出口链路的一部分是与其他 ISP 对等的链路，而其余链路是接入链路，以区别于对等网络流量和接入流量。

（2）层析成像重力模型方法

参考文献[42]于 1996 年首先提出使用网络层析成像（network tomography）方法解决流量矩阵估计问题，随后这种方法得到广泛运用，并被用于研究 IP 网络内部特征[50-51]。网络层析成像解决流量矩阵估计问题的基本思想是：通过类比计算机层析成像（computer tomography），仅仅通过测量网络上的链路负载来反推端到端的网络流量矩阵。

层析成像重力模型方法把层析成像和重力模型[52]结合起来，从而达到较好的估计结果。重力模型捕获了 OD 流的流量特征。参考文献[53-54]假设输入、输出节点是独立的，并使用来自访问链路（access link）和对等链路的 SNMP 数据来校正重力模型，这些校正数据与估计中来自骨干网路由器间的 SNMP 数据是不同的。参考文献[55]采用信息理论知识来反演流量矩阵。层析成像重力模型方法通过用重力模型方法建立流量矩阵的初始值进行流量矩阵的估计。

层析成像重力模型方法使用的是一个空间模型，它描述了 OD 流间的关系。重力模型实质上捕获了一个节点到其他每个节点的流量比，到一个源节点的流量仅仅是发送到该指定节点总流量的一部分。因此，尽管重力模型假设节点间是独立的或条件独立的，但是它并没有假设 OD 流间的独立性，所有从同一个源节点流出的 OD 流是相互依赖的，因为要求从同一个源节点流出的流量比之和为 1，即描述了 OD 流在空间上的相关性。

3.3.6　基于实测流量矩阵的估算方法

随着近年来流量监测技术的发展，流量矩阵研究人员发现，如果充分利用流量监测中的测量数据，将大大降低流量矩阵估计的误差，从而产生了一类新的研究方法，其特点是：通过直接测量而不是假设捕获 OD 流的时间和空间相关性；通过这些直接测量获得的数据来校正模型；校正后的模型反过来用于流量矩阵的估计。这类方法主要有：主成分分析（principal component analysis，PCA）方法、卡尔曼（Kalman）滤波法以及扇出（Fanout）方法。

（1）主成分分析法

PCA 方法以主成分分析方法和矩阵理论分析[56]为基础，通过研究 OD 流集合的主要成分，即特征流向量，由其特征流向量来表示 OD 流集合，从而将流量矩阵估计问题转化为求其特征流向量的问题。通常特征流向量的维数比 OD 流集合的维数要小得多，这样通过降维的方法降低了问题的难度，易于估计 OD 流。参考文献[57-58]使用 PCA 方法来研究 OD 流估计问题。PCA 方法的基本思想不是估计所有的 N 个 OD 流，而是仅仅估计 k 个最重要的特征流，因为 $k \ll N$，所以从链路流量估计特征流的问题变成了非病态系统的问题。

PCA 模型表示了整个 OD 流在长时间上的相关性。同时，PCA 模型也表示了 OD 流在空间上的相关性，在 PCA 模型中，每个 OD 流被分解为特征流的加权和，这些特征流就是要估计的未知量。估计过程分别考虑每个时间点来决定特征流的值并利用 24 小时对流的直接测量来校正。因此，PCA 模型体现了 OD 流的时间和空间相关性，并且估计过程只是一个简单的伪逆求解过程。

（2）Kalman 滤波法

Kalman 滤波法是信号自适应滤波中的一种重要处理方法，是一种强有力的方法，不仅用于估计而且也用于预测。在流量矩阵估计中，使用 Kalman 滤波法[59]的主要思想是：以矩阵理论分析为基础，利用动态线性系统理论的状态空间模型来表示系统的变化，把 OD 流看作网络流量系统的基本状态。

Kalman 滤波法不仅建立了 OD 流的时间和空间模型，而且具有自我校正特性。因而，Kalman 滤波法充分利用了 OD 流的时间和空间相关性，能够准确地估计 OD 流，并具有自适应性。

（3）Fanout 方法

Fanout 方法[60]是一种纯数据派生的方法，它只依赖于对 OD 流的直接测量来获得流量矩阵，没有使用路由矩阵，也没有进行反演计算，只需要简单的线性计算即可。一个节点的 Fanout 被定义为向量，它表示了每个节点转发到网络中每个输出节点的流量部分，其中节点可以是一个 PoP、一个路由器，或一条链路。

Fanout 方法的一个优点是降低了通信开销，因为基于节点扇出稳定性的观察结果，通常每隔几天只发送一次节点 Fanout 到 NOC（network operations center，网络操作中心），而不是每 10 分钟发送一次，而且 OD 流监测器不需要一直开着，只在需要的时候才打开。另外，只在每一个节点上检查 Fanout 是否发生变化，如果在一个节点上发现 Fanout 发生变化，则只在该节点上重新开始流量收集，不需要大范围的流量数据收集。采取 Fanout 方法时，只重新校正流量矩阵发生动态变化的部分。

这种模型也是一种时间模型，因为估计值依赖于 Fanout 的历史值，所以 Fanout 模型对 OD 流建立起了时间和空间相关性。

（4）模拟退火算法

模拟退火（simulated annealing，SA）算法是一种通用的随机搜索算法，是对局部搜索算法的扩展，是一种理论上的全局最优法。SA 算法源于对热力学中退火过程的模拟，在某一给定初温下，通过缓慢下降温度参数，使算法能够在多项式时间内给出一个近似最优解。1983 年，Kirkpatrick 等提出了现代的 SA 算法，将其应用于组合优化领域，它是基于 Monte-Carlo 迭代求解策略的一种随机寻优算法，其出发点是物理中固体物质的退火过程与一般组合优化问题之间的相似性。即首先将固体的温度升高到某一特定温度，再让其徐徐降温。物体的温度升高时，固体内部粒子随温度的升高变为无序的状态，内能增大。而当物体徐徐冷却时，粒子渐趋有序，在每个温度都达到平衡态，最后在常温时达到稳定的状态，内能达到一个最小值。

利用模拟退火算法实现流量矩阵的估算问题，能较有效地降低流量矩阵估算的复杂性，为了克服流量矩阵估算模型的高病态性，该算法采用在一定的解空间内找出相对近似最优解，使估算结果的误差处于可以容忍的范围内。

（5）神经网络算法

神经网络算法起源于 19 世纪 50 年代，其强大的功能使得该算法经久不衰，并且被广泛地研究和拓展。

人工神经网络是一种由大量简单神经元组合连接而成的、模仿动物神经系统处理信息的复杂网络。神经网络通过调节各层之间节点的连接权值来进行数据计算和信息处理。人工神经网络的这些特殊的结构特征使得它具有高度的非线性映射逼近能力、强大的容错性、良好的并行数据处理能力、学习能力和自适应能力等，能够解决一些用传统方法难以解决的问题，在模式匹配和识别、人工智能、机器学习、知识工程以及复杂系统等多学科、多领域中得到了广泛的应用。

人工神经元，也称"节点"或"处理单元"，是神经网络的基本单元。它在结构和功能上模拟生物神经元。人工神经元模型具有多个输入和单个输出，通过权值对外界的多个输入进行处理，再经过激活函数得出结果，作为输出。神经网络也有学习算法，学习就是对外界的刺激产生反应，发生相应的行为并长期保持这种相对反应，为了对此反应保持长久的记忆能力而不断反复进行的过程。神经网络在学习过程中，逐步调整网络的连接权值甚至拓扑结构，使得网络的计算结果不断逼近期望值。部分流量矩阵估计算法对比见表 3-3。

表 3-3　部分流量矩阵估计算法对比

估算方法	先验信息来源	链路信息	其他说明
线性规划方法	无	多个服从 IID 的连续链路流量	根据目标函数和约束条件求解
路由改变方法	无	多组不同路由下的链路流量	在特定时间改变链路的权重
贝叶斯推断	泊松分布	链路流量	假设流量都基于泊松分布
最大似然估计方法	正态分布	链路流量	根据均值-方差关系，应用二阶矩方法完善先验信息
重力模型	重力模型	链路流量	求解 OD 流的初始解，能作为其他估算方法的先验信息
层析成像重力模型	重力模型	链路流量及接入链路和对等链路的链路流量	采用信息理论知识反演流量矩阵
主成分分析法	实测的 OD 流量矩阵	链路流量	对高维数据进行降维处理
Kalman 滤波法	实测的 OD 流量矩阵	链路流量	应用动态性系统理论的状态空间模型表示系统的变化
Fanout 方法	实测的 OD 流量矩阵	链路流量	无须使用路由矩阵
神经网络算法	实测的 OD 流量矩阵	链路流量	算法复杂度高，计算结果准确度高

从上面的介绍中可以看出，人工神经网络算法的复杂度较高，但其估算的精度也得到了相应的提高。

3.4　网络流量矩阵的预测

流量矩阵是全网流量的概览，更是流量工程的基本输入条件。对流量矩阵的研究也经历了许多演变过程，一开始，由于技术设备的限制，无法由直接采集测量获得实际的流量矩阵，于是大量的学者开始研究如何能从获得的信息中估算出流量矩阵，这时期出现了许多有效的估算方法。随着技术的不断发展，终于能够实现对流量矩阵的实际测量，对流量矩阵的研究也便由估算转移到了预测等其他领域，而且一些流量矩阵估算方法经过扩展仍然适用并表现良好。

流量矩阵的估算是为了在已知链路流量和路由信息的情况下，得到能表达全网流量特征的流量矩阵，而随着技术的发展，能直接、较精确地对流量矩阵中的各个元素进行测量，有研究人员由估算流量矩阵转为对流量矩阵进行预测。在流量矩阵估算阶段所用到的方法以及探寻到的流量矩阵的各种特征，在流量矩阵的预测问题中依然有着很重要的参考价值。

本书中讨论的流量矩阵的源、目的节点类型是大尺度 IP 骨干网络中的 POP 级节点，IP 网络由 N 个节点组成，其流量矩阵是 $N \times N$ 的矩阵，用 X 表示。矩阵元素 $X(i, j)$ 表示从节点 i 到节点 j 的 OD 流量 $(i, j \in [1, N])$。考虑到在传统网络测量中，通常会将基于 SNMP 测量的网络节点输出的负载数据视为节点的流量，在本书中，将节点的出流量定义为该节点的流量，对应于流量矩阵 X 的某一行的元素之和，表示为 $y(i)$：

$$y(i) = \sum_j X(i, j) \tag{3-19}$$

在本书中，测量得到的流量矩阵的时间序列为 $\{X_t\}$ $(t \in [1, T])$，其中 T 是总测量时间。流量矩阵的预测问题可以表述为：已知 $\{X_t\}$，预测 Δt 时间之后的矩阵 $\hat{X}_{t+\Delta t}$，即预测 N^2 个 OD 流量 $\hat{x}_{t+\Delta t}(i, j)$。

3.4.1　基于独立节点的流量矩阵预测

基于独立节点的流量矩阵预测模型是一种较为直接和简洁的流量矩阵预测模型，考虑到简单易行的设计原则，独立节点模型有时可以得到较好的预测精度。从"简单的就好"原则来看，独立节点模型也是一种需要认真考虑的预测方法。独立节点模型是在现有流量矩阵的基础上计算矩阵间的占比系数，并假设该占比系数随时间不变或几乎保持不变。假设各节点流量之间相互独立，根据已有的流量矩阵，分别对各节点流量的时间序列进行预测，根据稳定的占比系数，将预测的节点流量分摊到不同流量的 OD 流上，该方法称为独立节点预测（independent node prediction，INP）法，简称为独立节点模型。

在使用独立模型进行流量矩阵预测时，其前提条件为：已采集一定时间长度的流量矩阵以及流量矩阵中各节点相互独立。在独立模型中，对流量矩阵的预测转化成对节点出流量的预测，选择较为简单且预测精度较高的指数拟合模型，参考文献[61]中也提出采用指数增长模型拟合流量矩阵各节点的总出流量。

独立节点模型的主要建模步骤如下。

步骤 1　对已采集的流量矩阵数据进行预处理，去除零值，补充缺失值。

步骤 2　将时间轴上的流量矩阵转化成时间轴上的节点总出流量，采用指数拟合模型预测 $y_{t+\Delta t}(i)$。

步骤 3　计算各矩阵元素在其所在的行中所占的比例系数 $\alpha(i,j)$。

步骤 4　将占比系数 $\alpha(i,j)$ 与节点流量预测值 $y_{t+\Delta t}(i)$ 相乘，得到 OD 流量的预测值 $\hat{x}_{t+\Delta t}(i,j)$。

3.4.2　基于关键元素的流量矩阵预测

从对流量矩阵的地域特征的分析中可知，流量往往集中在少数节点上；从对节点流向差异性的分析中可知，对于单个节点，节点的总出流量往往集中流向少数节点，即所谓的"20/80 法则"，少数节点的少数流量在流量矩阵中即该模型中提到的关键元素。由于大部分流量集中于少数节点，流量矩阵中存在的关键元素在数值上较大，对矩阵其他元素有较大的影响。基于关键元素的流量矩阵预测模型充分利用少量节点聚集了大量流量的主要特点，提出了重点研究流量矩阵中流量较大、对其他元素影响较大的关键元素[62]。本文将该流量矩阵预测方法称为总流量预测-关键元素校正（total matrix prediction-key element correction，TMP-KEC）法，简称为关键元素模型。

首先要选取流量矩阵的关键元素，针对网络骨干网流量的复杂性，流量矩阵关键元素的选择应遵循以下标准。

（1）选择流量占比大的节点作为关键节点

关键节点的出流量或者入流量远远大于网络中其他节点，从流量矩阵的表现看，即流量矩阵中占据矩阵所有元素之和大部分的行或者列，其所对应的源节点或者目的节点即关键节点。

（2）从关键节点中选择关键元素

一方面，关键节点是运营商关注的节点，它的各个流向也是运营商需要掌握的；另一方面，关键节点本身就是从流量矩阵较大的行或者列中选出的，因此关键节点的各个流向也是流量矩阵中占比较大的，关键元素从关键节点中选取是合理且必要的。因此在关键节点占比较大的流向中选出关键元素，将关键节点的各个流向按照占比从大到小排序，将占比较大的流向作为备选。

（3）选择占比大且稳定的流向作为关键流向

关键元素从关键节点占比较大的流向中选出，但是随着时间的变化，经常波动的流向不适宜作为关键元素。无论是传统吸引系数法还是本节的关键元素法都假设矩阵元素占比在一段时间内不会发生改变，如果选择的关键元素在节点的流向中占比不稳定，即便对关键元素的预测准确，对节点的流量预测也不准确，最后预测误差难以控制。因此，在选择关键元素时，将比较关键节点各个流向随时间变化的占比变化，下文将以占比的方差作为衡量占比稳定性的标准。因此选择的关键元素将为关键节点占比大且随时间方差小的流向。

在已知关键元素的选取准则后，给出关键元素模型的算法设计，基于关键元素的流量矩阵预测模型对流量矩阵数据的处理包括以下几个方面：关键节点的确定、关键节点的关键流向确定以及关键元素校正，具体处理步骤如图 3-8 所示。

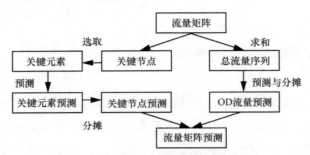

图 3-8　关键元素模型的系统流程

3.4.3　基于主成分分析的流量矩阵预测

由于 IP 网络固有的"尽力交付"、动态路由等特征，流量矩阵各元素的实际测量误差也各不相同。在独立节点模型和关键元素模型中对节点的总流量进行预测，有可能累积并放大矩阵各元素测量的系统误差。本书试图提出一种方法，从冗余的流量矩阵测量数据中提取出可以刻画整个网络流量变化的关键因素，回避次要因素或者误差较大的数据。

首先，需要采用特定的方法排除短时流量波动对流量预测的影响。可以采用将流量序列分解为长期趋势成分和短时波动成分[63]的思路。其次，网络节点流量之间存在着较强的关联性，某地点的流量增长往往会带动相关节点的流量增长。主成分分析被视为量化流量矩阵的时域关联性的重要手段。本书提出了"趋势分量的主成分量"的概念，用以刻画节点之间的内在的流量拉动作用，把研究重点集中到节点流量上，而不是节点各流向的 OD 流量，这种方法称为主成分预测波动分量校正（principle component prediction- fluctuation component correction，PCP-FCC）法，简称为主成分模型。

主成分模型的主要思路如下。

步骤 1　先通过统计分析获得网络流量的长期趋势分量 $l_t(i)$，然后通过主成分分析获取趋势分量的成分分量（trend principle component）$c_t(i)$。

步骤 2　在主成分空间内对主要成分进行预测，基于对主成分时间序列数据特征的预测得到主成分分量的预测值 $\hat{c}_{t+\Delta t}(i)$。

步骤 3　将预测结果通过矩阵逆变换，回到节点流量的时序空间，得到原空间趋势分量的预测值。

步骤 4　对于网络流量的波动分量，采用 ARIMA 模型进行预测。

步骤 5　最终将波动分量与趋势分量的预测值相加得到最终节点流量的预测值。

步骤 6　将占比系数 $\alpha(i,j)$ 与节点流量预测值 $y_{t+\Delta t}(i)$ 相乘，得到 OD 流量的预测值 $\hat{x}_{t+\Delta t}(i,j)$。

主成分模型的流程如图 3-9 所示。

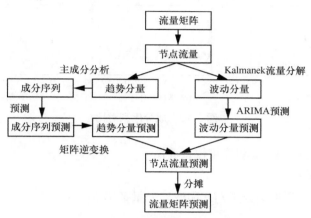

图 3-9　主成分模型的流程

趋势分量的获取：利用 Kalmanek 分解模型提取节点流量的趋势分量 $l_t(i)$。原分解模型较为复杂，不仅将时间序列分解为长期趋势成分、季节性成分、随机波动成分以及异常成分，而且乘性时间序列模型不易于计算。为了简化运算，将节点流量分解公式改为加性模型：

$$y_t(i) = l_t(i) + f_t(i) \tag{3-20}$$

其中，$l_t(i)$ 表示长期趋势分量，$f_t(i)$ 表示随机波动分量。趋势分量时间序列 $\{l_t(i)\}$ 可由 Kalmanek 分解模型计算得到。

主成分空间的变换：将 N 个趋势分量的时间序列 $\{l_t(i)\}, n \in [1, N]$ 变换到主成分空间中，得到 N 个成分序列 $\{c_t(n)\}, n \in [1, N]$，变换表达式如式（3-21），其中 u_{ij} 是通过主成分分析算法得到的矩阵变换系数。

$$\begin{cases} c_t(1) = u_{11}l_t(1) + u_{12}l_t(2) + \cdots + u_{1N}l_t(N) \\ c_t(2) = u_{21}l_t(1) + u_{22}l_t(2) + \cdots + u_{2N}l_t(N) \\ \qquad\qquad\qquad \vdots \\ c_t(N) = u_{N1}l_t(1) + u_{N2}l_t(2) + \cdots + u_{NN}l_t(N) \end{cases} \tag{3-21}$$

各成分序列刻画了趋势分量的不同特性，成分序列对比。如图 3-10 所示，排名靠前的第 1、2、3 主成分不但幅度较大，而且出现在大部分节点流量之中；而排名靠后的第 10、11、12 主成分不但幅度较小，而且只出现在部分节点的流量之中。因此，可以用主成分刻画网络内在的流量增长动力特征。主成分模型的具体实现见算法 3-1。

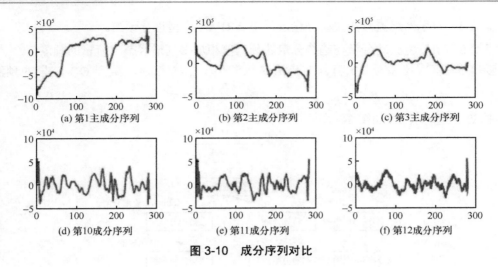

图 3-10　成分序列对比

算法 3-1　主成分预测-波动分量校正算法

for $\forall i \in [1, N]$ **do**

　　流量分解，得到趋势分量 $l_t(i)$ 和波动分量 $f_t(i)$；

end for

for $\forall i \in [1, N]$ **do**

　　通过主成分变换由 $l_t(i)$ 得到主成分序列 $c_t(i)$；

end for

for $\forall i \in [1, N]$ **do**

　　曲线拟合预测主成分序列 $\hat{c}_{t+\Delta t}(i)$；

　　主成分序列逆变换由 $\{\hat{c}_{t+\Delta t}(i)\}$ 得到 $\hat{l}_{t+\Delta t}(i)$；

　　ARIMA 模型预测波动分量 $\{\hat{f}_{t+\Delta t}(i)\}$

　　加性模型得到节点流量预测 $\{\hat{y}_{t+\Delta t}(i)\} = \{\hat{l}_{t+\Delta t}(i)\} + \{\hat{f}_{t+\Delta t}(i)\}$

　　for 每个 $i \in [1, N]$ **do**

　　　　计算 OD 流量的占比系数：$\alpha(i, j) = \overline{x}(i, j) / \overline{y}(i)$；

　　　　计算 OD 流量的预测值：$\hat{x}_{t+\Delta t}(i, j) = \alpha(i, j) \cdot \hat{y}_{t+\Delta t}(i)$

　　end for

end for

本章陈述了 3 种预测模型在实际流量矩阵预测中的情况，详细描述并分析了预测时的中间结果，引入了多种评估标准，从不同的角度分析对比了不同模型的优劣。对 3 种模型的总结如下。

- 独立节点模型是单一的流量时间序列预测算法，算法复杂度最低。能将一部分流量的预测误差控制在可接受的范围内，但对总体流量矩阵的预测误差偏高。适用于对预测精度要求不高但对运算速度要求高的流量工程系统。

- 关键元素模型包括总流量预测与关键元素校正两部分，算法复杂度比独立节点模型高。由于算法原理侧重于降低流量占比大的关键元素的预测误差，预测结果显示出关键元素模型能明显抑制大流量的预测误差，但并不能保证小流量的预测精度。适用于侧重预测大流量并要求全网总流量预测精度高的系统。
- 主成分模型包括主成分预测与波动分量校正两部分，算法复杂度最高。从原理上讲，算法考虑了全网各节点间的内在影响，抓住全网流量增长的动力，从预测结果上来看，主成分模型能有效降低全网所有节点与 OD 的预测误差。适用于对预测精度要求高且硬件计算速度快的系统。

参考文献

[1] MANDELBROT B. Self-similar error clusters in communication systems and the concept of conditional stationarity[J]. IEEE Transactions on Communication Technology, 1965, 13(1): 71-90.

[2] LELAND W, TAQQU M, WILLINGER W, et al. On the self-similar nature of ethernet traffic[J]. Proceedings of ACM SIGCOMM Computer Communication Review, 1993: 183-193.

[3] ERRAMILLI A, WILLINGER W. Fractal properties in packet traffic measurements[Z]. 1993.

[4] PAXSON V, FLOYD S. Wide area traffic: the failure of poisson modeling[Z]. 1994.

[5] DUE S. Fluid flow aspects of solidification modeling: simulation of low pressure die casting[Z]. 1994.

[6] ADDIE R, ZUCKERMAN M, NEAME T. Fractal traffic: measurements, modeling and performance evaluation[Z]. 1995.

[7] KLIVANSKY S, MUKHERJEE A, SONG C. On long-range dependence in NSFNET traffic[R]. 1994.

[8] CROVELLA M, BESTAVROS A. Self-similarity in world wide Web traffic: evidence and possible causes[J]. Proceedings of IEEE/ACM Transactions, 1997: 835-846.

[9] TAQQU M S. Self-similar processes[Z]. 1993.

[10] NORROS I. A storage model with self-similar input[J]. Queueing Systems, 1994, 16(3-4): 387-396.

[11] LAU W, ERRAMILLI A, WANG J. Self-similar traffic generation: the random midpoint displacementalgorithm and its properties[Z]. 1995.

[12] PAXSON V. Fast, approximate synthesis of fractional Gaussian noise for generating self-similar network traffic[J]. ACM SIGCOMM Computer Communication Review, 1997, 27(5): 5-18.

[13] FLANDRIN P. Wavelet analysis and synthesis of fractional Brownian motion[J]. IEEE Transactions on Information Theory, 1992, 38(2): 910-917.

[14] LEDESMA S, LIU D. Synthesis of fractional Gaussian noise using linear approximation for generating self-similar network traffic[J]. ACM SIGCOMM Computer Communication Review, 2000, 30(2): 4-17.

[15] MA S, JI C. Modeling video traffic in the wavelet domain[Z]. 1995.

[16] MA S, JI C. Modeling heterogeneous network traffic in wavelet domain[J]. IEEE/ACM Transactions on Networking, 2001, 9(5): 634-649.

[17] RIESI R, CROUSE M, RBEIRO V. A multifractal wavelet model with application to network traffic[J]. IEEE Transactions on Information Theory, 1999, 45(3): 992-1018.

[18] ERRAMILLI A, SINGH R, PRUTHI P. Chaotic maps as models of packet traffic[Z]. 1994.

[19] ERRAMILLI A, SINGH R, PRUTHI P. Modeling packet traffic with chaotic maps[Z]. 1995.

[20] ERRAMILLI A, SINGH R. An application of deterministic chaotic maps to model packet traffic[J]. Queueing Systems, 1995, 20(1-2): 171-206.

[21] GROSSGLAUSER M, BOLOT J. On the relevance of long-range dependence in network traffic[J]. ACM SIGCOMM Computer Communication Review, 1996, 26(4): 15-24.

[22] BARAKAT C, THIRAN P, IANNACCONE G, et al. A flow-based model for internet backbone traffic[Z]. 2002.

[23] GALLARDO J R. Use ofα-stable self-similar stochastic processes for modeling traffic in broadband networks[J]. Performance Evaluation, 2000, 40(1-3): 71-98.

[24] PAPAGIANNAKI K, TAFT N, ZHANG Z L, et al. Long-term forecasting of internet backbone traffic: observations and initial models[Z]. 2003.

[25] BOX G E, JENKINS G M. Time series analysis: forecasting and control[Z]. 1976.

[26] 向小东. 基于神经网络与混沌理论的非线性时间序列预测研究[D]. 成都: 西南交通大学, 2001.

[27] BROWN R G. Smoothing, forecasting and prediction of discrete time series[Z]. 2004.

[28] BERAN J, SHERMAN R, TAQQU M, et al. Long-range dependence in variable-bit-rate video traffic[J]. IEEE Transactions on Communications, 1995, 43(2-4): 1566-1579.

[29] HUANG C, DEVETSIKIOTIS M, LAMBADARIS I, et al. Modeling and simulation of self-similar variable bit rate compressed video: a unified approach[J]. ACM SIGCOMM Computer Communication Review, 1995, 25(4): 114-125.

[30] 刘杰, 黄亚楼. 基于 BP 神经网络的非线性网络流量预测[J]. 计算机应用, 2007: 1770-1772.

[31] 陆锦军, 王执铨. 基于混沌特性的网络流量预测[J]. 南京航空航天大学学报, 2006: 217-221.

[32] SOULE A, LAKHINA A, TAFT N, et al. Traffic matrices: balancing measurements, inference and modeling[Z]. 2005.

[33] NUCCI A, SRIDHARAN A, TAFT N. The problem of synthetically generating IP traffic matrices: initial recommendations[J]. ACM SIGCOMM Computer Communication Review, 2005, 35(3): 19-32.

[34] BENAMEUR N, ROBERTS W J. Traffic matrix inference in IP networks[Z]. 2004.

[35] EUM S, HARRIS R, ATOV I. Traffic matrix estimation based on Markovian arrival process of order two[Z]. 2007.

[36] FELDMANN A, GREENBERG A, LUND C, et al. Deriving traffic demands for operational IP networks: methodology and experience[J]. IEEE/ACM Transactions on Networking (ToN), 2001, 9(3): 265-280.

[37] JUVA I. Robust load balancing[Z]. 2007.

[38] CALLON R. Use of OSI IS-IS for routing in TCP/IP and dual environments: RFC1195[S]. 1990.

[39] NUCCI A, SRIDHARAN A, TAFT N. The problem of synthetically generating IP traffic matrices: initial recommendations[J]. ACM SIGCOMM Computer Communication Review, 2005, 35(3): 19-32.

[40] SOULE A, NUCCI A, CRUZ R, et al. How to identify and estimate the largest traffic matrix elements in a dynamic environment[Z]. 2004.

[41] NUCCI A, CRUZ R, TAFT N, et al. Design of IGP link weight changes for estimation of traffic matrices[Z]. 2004.

[42] VARDI Y. Network tomography: estimating source-destination traffic intensities from link data[Z]. 1996.

[43] TEBALDI C, WEST M. Bayesian inference on network traffic using link count data[Z]. 1998.

[44] MAHER M J. Inferences on trip matrices from observations on link volumes: a Bayesian statistical approach[Z]. 2019.

[45] DEMPSTER A P, LAIRD N M, RUBIN D B. Maximum likelihood from incomplete data via the EM algorithm[J]. 1997.

[46] VANDERBEI R J, IANNONE J. An EM approach to OD matrix estimation[Z]. 1994.

[47] RSCHENDORF L. Convergence of the iterative proportional ftting procedure[Z]. 1995.

[48] KOWALSKI J. Modeling traffic demand between nodes in a telecommunications network[Z]. 1995.

[49] ZHANG Y, ROUGHAN M, DUFELD N, et al. Fast accurate computation of large-scale IP traffic matrices from link loads[Z]. 2003.

[50] ROY R, TRAPPE W. An introduction to network tomography techniques[Z]. 2004.

[51] DUFELD N. Simple network performance tomography[Z]. 2003.

[52] ERLANDER S, STEWART N F. The gravity model in transportation analysis-theory and applications[Z]. 1990.

[53] ZHANG Y, ROUGHAN M, LUND C, et al. An information-theoretic approach to traffic matrix estimation[Z]. 2003.

[54] ZHANG Y, ROUGHAN M, LUND C, et al. Estimating point-to-point and point-to-multipoint traffic matrices: an information-theoretic approach[Z]. 2004.

[55] MEDINA A, TAFT N, SALAMATIAN K, et al. Traffic matrix estimation: existing techniques and new directions[Z]. 2002.

[56] 张贤达. 矩阵分析与应用[M]. 北京: 清华大学出版社, 2004.

[57] SOULE A, SALAMATIAN K, NUCCI A, et al. Traffic matrix tracking using Kalman filters[J]. ACM SIGMETRICS Performance Evaluation Review, 2005, 33(3): 24-31.

[58] LAKHINA A, PAPAGIANNAKI K, CROVELLA M, et al. Structural analysis of network traffic flows[Z]. 2004.

[59] SOULE A, SALAMATIAN K, NUCCI A, et al. Traffic matrix tracking using Kalman filtering[R]. 2004.

[60] PAPAGIANNAKI K, TAFT N, LAKHINA A. A distributed approach to measure IP traffic matrices[Z]. 2004.

[61] PAXSON V. Growth trends in wide-area TCP connections[J]. IEEE Network, 1994, 8(4): 8-17.

[62] 严晋如. 基于关键元素的流量矩阵分析研究[D]. 武汉: 华中科技大学, 2012.

[63] ROUGHAN M, GREENBERG A, KALMANEK C, et al. Experience in measuring backbone traffic variability: models, metrics, measurements and meaning[Z]. 2002.

第4章

骨干网流量的预测案例

4.1 骨干网节点流量的预测案例

本节分析的对象是国内某运营商骨干网节点的出流量，根据已采集的节点总出流量，建模预测节点未来的出流量。数据采集主要是用 SNMP 实现的，其测量原理是对高速骨干网路由器的流量进行采样，通过对基于集中控制管理的多点式采样系统捕获的数据分组的综合分析得到特定省份的流入与流出流量数据，因此称该数据为 SNMP 流量。SNMP 采集的是各省每月总出流量，以时间序列的形式保存，采集时间为 2008 年 1 月—2013 年 7 月。全骨干网共计 31 个节点（不考虑与其他运营商之间互通的流量），SNMP 数据样例见表 4-1。

表 4-1　SNMP 流量数据样例

省份	2010 年 7 月	2010 年 8 月	2010 年 9 月	2010 年 10 月
A13	47 839.423 5	51 017.01	51 179.944 2	56 674.153 8
A14	110 902.506	109 688.37	109 726.62 4	114 869.944
A15	33 624.419 4	37 174.318 5	42 594.446 4	43 854.297 3
A16	340 812.437	341 474.44 3	344 589.706	349 005.743
A17	75 448.616 1	76 125.650 7	95 098.621 2	81 079.670 1
A18	49 243.408 5	49 303.551	51 457.022 1	53 724.729 3
A19	19 712.058 3	20 833.447 8	0	24 285.640 5
A20	46 777.288 8	50 442.496 5	53 131.643 4	54 472.261 8
A21	49 500	28 569.119 7	29 012.352 6	30 311.988 3
A22	26 934.342 6	33 728.465 1	34 321.904 1	40 282.661 1

在多元线性回归模型中,将各省宏观经济指标(GDP)、各省带宽接入用户数(用户数)、各省平均用户带宽(接入带宽)和各省平均用户上网速率(用户流速)作为自变量,时间为 2008 年 1 月—2013 年 7 月,某个节点的 4 个自变量的曲线如图 4-1 所示。

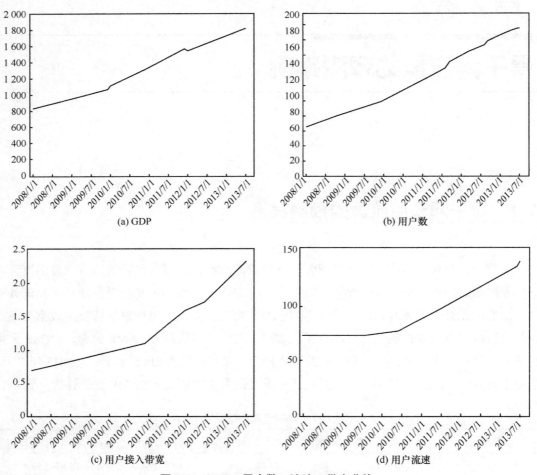

(a) GDP

(b) 用户数

(c) 用户接入带宽

(d) 用户流速

图 4-1 GDP、用户数、流速、带宽曲线

4.1.1 基于指数拟合模型的流量预测

指数拟合是时间序列模型中最基本的预测模型,虽不精致,但实用、简单、低费用且预测精度非常高。

指数拟合模型针对骨干网中的所有节点,不同节点的模型参数不同。该模型使用的数据集是 SNMP 流量,区间为 2008 年 1 月 1 日—2013 年 7 月 1 日,数据的时间颗粒度是月,自变量是时间列表 $1, 2, \cdots, n$,因变量是经过修正的 SNMP 分省流量 $y(1), y(2), \cdots, y(n)$,训练区间是 2008 年 3 月—2012 年 12 月,预测区间为 2013 年 1 月 1 日—7 月 1 日。

指数拟合主要包括参数配置、模型建立、预测 3 个步骤。

步骤 1 设置待预测的节点个数、编号以及训练区间的长度，该训练长度必须在已知的数据区间内。

步骤 2 选择一个省份的 SNMP 数据，截取该省训练区间长度内的数据，首先对该数据取对数，将指数拟合转化成线性拟合。已知指数拟合的模型计算式是 $y = a \cdot b^t$，对该模型计算式取对数后得到 $\ln y = \ln a + t \cdot \ln b$，则将指数模型转换成一元线性模型 $y = a + t \cdot b$，用最小二乘估计得到参数 a、b 的最佳值 a_{best} 和值 b_{best}，对参数的最佳值取 e 指数，可得指数模型的参数值 $a_{exp} = e^{a_{best}}$ 和 $b_{exp} = e^{b_{best}}$，得到指数拟合模型。

步骤 3 用上述得到的指数模型 $y = a_{exp} \cdot b_{exp}^t$，将自变量代入上述方程得到自变量对应的拟合值，也即预测值。

基于指数拟合的建模预测结果如图 4-2 所示。

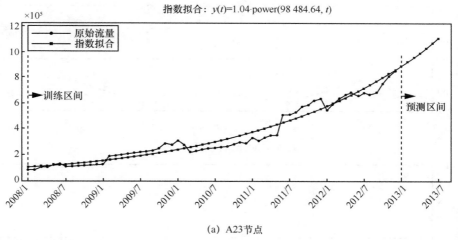

(a) A23节点

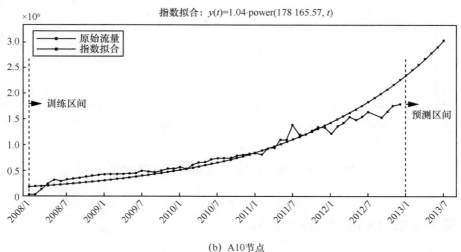

(b) A10节点

图 4-2 基于指数拟合的建模预测结果

从图 4-2（a）可以看出，指数拟合模型能学习到该节点流量的基本增长趋势，但是不能拟合不同时间点的波动变化，结合指数拟合模型本身的特征，可以得出指数拟合模型仅适合于学习流量的整体规律，不能捕捉节点流量的周期性波动等细微变化。而从图 4-2（b）中可以看出，该省流量在 2008 年上半年的增长规律与后期增长规律不同，从 2008 年 1 月开始建模的结果明显不符合流量的后期增长规律，因此后期预测误差可能较大。

为了评估模型预测的精度，下面给出基于指数拟合模型的预测误差，评估指标是预测区间的绝对百分比误差，计算式已在前文给出。为了直观地看到流量模型预测得准确与否，给出两个节点的评估结果，如图 4-3 所示（时间为 2013 年 1 月—7 月）。

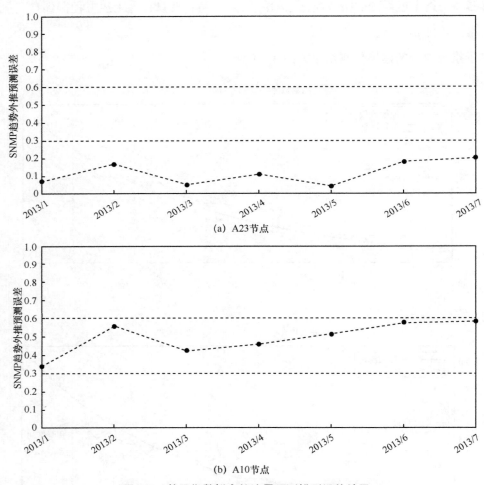

图 4-3　基于指数拟合的流量预测模型评估结果

4.1.2　基于 ARIMA 模型的流量预测

从第 4.1.1 节可以看出，骨干网节点流量的增长有明显的指数或近似指数趋势，而

ARIMA 模型适合于能差分成平稳时间序列的数据序列。显然指数或近似指数增长的节点流量序列不能直接用于 ARIMA 模型。这里考虑将流量分成趋势分量和波动分量，分别建模预测，结构如图 4-4 所示，趋势成分用曲线拟合建模，去除趋势成分后的波动成分用 ARIMA 模型建模。曲线拟合模型已在第 4.1.1 节中说明，本节重点介绍 ARIMA 模型在流量波动成分中的应用。

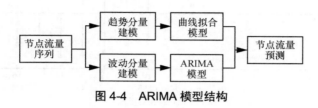

图 4-4　ARIMA 模型结构

ARIMA 模型分析的对象是骨干网节点总出流量的波动分量，去除趋势成分的波动分量如图 4-5 所示。

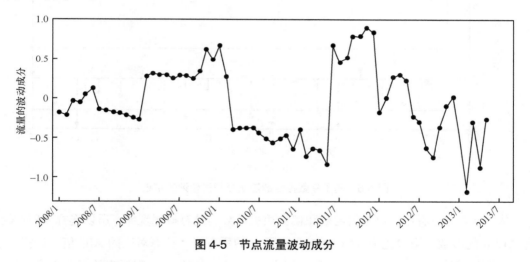

图 4-5　节点流量波动成分

从图 4-4 可以看出，对时间序列平稳化处理后即可进行 ARMA 建模。首先对时间序列进行模式识别，包括模型识别和时间序列的平稳性检测，先进行时间序列平稳性检测，本书使用 ADF 检验法检验时间序列的平稳性。如果原始的时间序列不平稳，则对时间序列进行差分，对差分后的结果再次进行 ADF 检验，直至时间序列变平稳。从图 4-5 中可以看出，该节点流量的波动成分在 0 值上下浮动，其均值近似为 0，用 ADF 检验方式得出该波动序列是平稳时间序列，且 ADF 检验法也表明该波动序列已经平稳，无须差分。

然后进行模式识别，利用偏自相关函数对 AR 模型的截尾特性和自相关函数对 MA 模型的截尾特性，首先检查是否可对时间序列拟合 AR 模型或 MA 模型。如果出现截尾现象，则直接在给定阶次下拟合 AR 模型和 MA 模型；否则拟合 ARMA(p,q) 模型，对 p、q 的值进行遍历。p、q 值的选择方法有很多种，这里设置 p、q 值的上限，对其进行遍历，利用 AIC 准则选择最佳 p、q 组合。基于指数拟合的流量预测模型评估结果如图 4-6 所示。

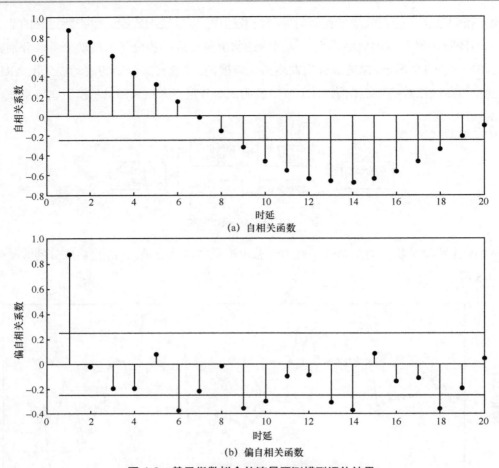

(a) 自相关函数

(b) 偏自相关函数

图 4-6　基于指数拟合的流量预测模型评估结果

　　从图 4-6 可以看出，自相关函数和偏自相关函数均没有截尾现象，所以选择 ARMA 模型，p、q 的参数上限设置为 M（M=5）。遍历 q 的所有值，计算对应的 AIC 值，选择最小 q 值，最终 p 取 3，q 取 2。ARMA 的计算式 $A(q)y(t) = C(q)e(t)$，则对应的系数为式（4-1）和式（4-2）：

$$A(q) = 1 - 2.529q^{-1} + 2.124q^{-2} - 0.574\,7q^{-3} \tag{4-1}$$

$$C(q) = 1 - 1.94q^{-1} + 0.950\,8q^{-2} \tag{4-2}$$

　　ARIMA 模型拟合结果如图 4-7 所示。

　　相较于曲线拟合只学习流量的趋势变化规律，ARIMA 模型学习流量的波动成分的变化规律。现将二者合并应用到流量预测中，结果如图 4-8 所示，从图 4-8（a）中可以看出，指数拟合能刻画流量的长期趋势，而 ARIAM 模型可以跟踪流量的短期波动。但是 ARIMA 模型对于历史差分数据较为敏感，有可能在长期预测中出现"过训练"的情况，如图 4-8（b）所示。

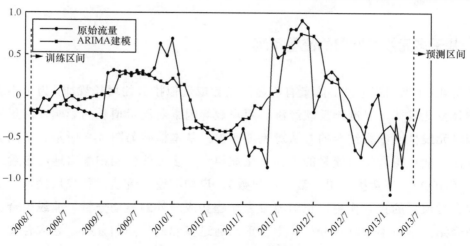

图 4-7　ARIMA 模型拟合结果

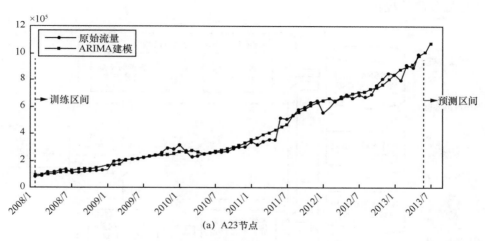

(a)　A23 节点

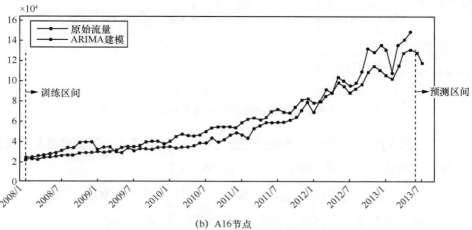

(b)　A16 节点

图 4-8　指数拟合合并 ARIMA 建模结果

4.1.3　基于多元线性回归的流量预测

从第 4.1.1 节可以看出，流量有明显的指数或近似指数的增长规律，为了不影响流量的整体变化规律，且准确反映经济、用户数等因素对流量增长的影响，这里用曲线拟合和多元线性回归相结合的方法对流量建模，基本框架如图 4-9 所示。从图 4-9 中可以看出，曲线拟合学习流量的整体变化规律，而多元线性回归学习地区宏观经济发展指标（GDP）、带宽接入用户数（用户数）、户均流速（流速）和户均接入带宽（带宽）因素对流量的拉动作用，也即流量去除趋势成分外的波动分量。曲线拟合已在前文详细介绍，本节不做具体分析。本节重点通过多元线性回归分析，寻求各省流量波动与当地用户特征、经济发展等因素的关系，对未来流量的波动成分进行预测，实现对整体趋势预测的校正。

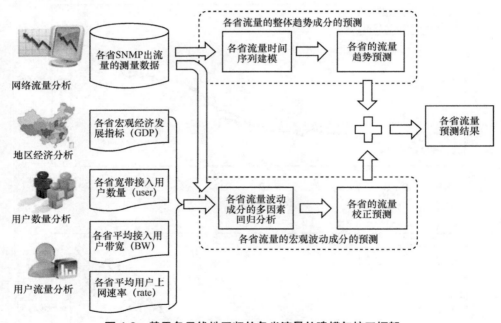

图 4-9　基于多元线性回归的各省流量的建模与校正框架

基于多元线性回归模型的流量预测模型分为两部分：各省流量的整体趋势成分的预测和各省流量的波动成分的预测。预测模型公式如式（4-3）所示：

$$y_{\text{Estimation}}(t) = y_{\text{Trend}}(t) + y_{\text{Fluctuation}}(x_1(t), x_2(t), \cdots, x_n(t)) \tag{4-3}$$

趋势成分的预测模型仍使用指数模型，模型计算式如式（4-4）所示：

$$y_{\text{Trend}}(t) = a \cdot b^t \tag{4-4}$$

各省流量的波动成分的预测采用多元线性回归模型，模型式如式（4-5）所示：

$$y_{\text{Fluctuation}}(t) = k_0(t) + \sum_{i=1}^{n}(k_i(t) \cdot x_i(t)) = k_0(t) + k_1(t) \cdot x_1(t) + k_1(t) \cdot x_1(t) + \cdots + k_n(t) \cdot x_n(t) \qquad (4\text{-}5)$$

其中，$x_i(t)$ 为各省的 GDP、用户数、用户接入带宽和用户上网流速，$k_i(t)$ 为这些因素的回归系数的时间序列。

从图 4-9 可以得出，基于多元线性回归的流量预测模型是对基于曲线拟合模型的改进，建模思想与 ARIMA 模型相似，都是将流量分成两个组成部分：趋势成分和波动成分。根据曲线拟合模型的建模结果可以初步看出，节点流量具有指数或近似指数的增长规律。为了不影响流量的整体变化规律，用指数拟合学习节点流量的趋势变化规律，用多元线性回归模型学习 GDP、用户数等因素对流量波动成分的影响，如此该模型既考虑到流量自相关因素，也考虑到非流量因素对流量变化的影响。

下面以二元线性回归模型为例详细说明多元线性回归的实现过程，影响因素选择 GDP 和用户数，具体实现步骤主要包括配置数据参数、建立趋势成分模型、建立波动成分模型和确定总模型。

步骤 1　配置数据参数。设置待预测的节点个数以及编号，选择多元线性回归影响因素，设置训练区间的长度，该训练长度必须在已知的数据区间内，设置多元回归的自变量个数以及自变量的组成。

步骤 2　建立趋势成分模型。趋势成分的预测采用指数拟合 $y_{\text{Trend}} = a \cdot b^t$，第 4.2 节已做了详细的说明，本节不另做说明，这里给出得到的模型方程 $y_{\text{Trend}} = 1.02 \cdot 50\,393.6^t$。

步骤 3　建立波动成分模型。波动成分由真实流量减去趋势成分得到，建立节点流量的波动成分与 GDP、用户数之间的模型方程，用最小二乘估计方法求解模型参数，依此建立多元线性回归模型，结果如图 4-10 所示，建模得到的方程为 $y_{\text{Move}} = 90\,500.735 + 1\,833.96 \cdot U_{\text{ser}}(t) - 245.75 \cdot \text{GDP}(t)$。

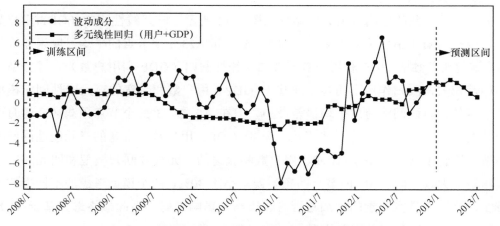

图 4-10　基于多元线性回归的流量预测模型实现—A14

步骤 4 确定总模型。将上述两步得到的模型合并，即得到了节点总出流量的预测模型，总的模型方程为 $y_t = y_{\text{Trend}} + y_{\text{Move}}$，结果如图 4-11 所示。

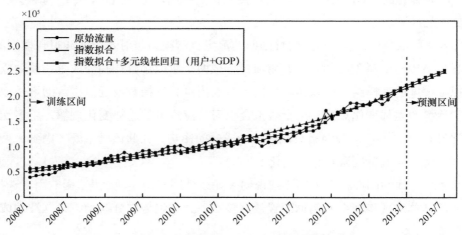

图 4-11 基于指数拟合和二元线性回归的流量预测结果

（1）多元线性回归的影响因素的选取

对流量起拉动作用的因素有 GDP、用户数、用户的接入带宽和用户流速，本节设置几组实验观察哪个或哪些因素对流量的拉动作用大。实验使用相同的数据，时间长度均为 2008 年 1 月—2013 年 7 月。实验分为 6 组：一元线性回归（GDP）、一元线性回归（用户数）、二元线性回归（GDP 和用户数）、三元线性回归（GDP、用户数和用户接入带宽）、三元线性回归（GDP、用户数和用户流速）和四元线性回归（GDP、用户数、用户接入带宽和用户流速）。评估标准是平均绝对百分比误差（MAPE），计算式如式（3-11）所示，已在前文介绍过。6 组实验的训练区间是 2008 年 1 月—2012 年 12 月，预测区间是 2013 年 1 月—2013 年 7 月。

多元线性回归的影响因素分析结果如图 4-12 所示，一元线性回归（GDP/用户数）和二元线性回归（GDP 和用户数）在 A5、A15 和 A23 3 个节点的平均月度误差均超过 60%，这说明单独的 GDP 和用户数或者二元线性回归（GDP 和用户数）在部分节点的预测误差较大，回归作用不明显。而基于 GDP、用户数和带宽的三元线性回归模型在 A15 节点的预测区间的月度平均误差最小，但在 A5、A23 两个节点预测区间的月度平均误差大于 60%。综合各个节点考虑，基于 GDP、用户数和带宽的三元线性回归模型也不适合该骨干网。而基于 GDP、用户数和流速的三元线性回归模型和四元回归模型的预测结果大致相同，90%的节点的预测误差小于 30%。两个模型考虑的不同影响因素是带宽，这说明带宽因素的添加与否对建模结果影响微弱，因此最终选择基于 GDP、用户数和流速的三元线性回归模型。

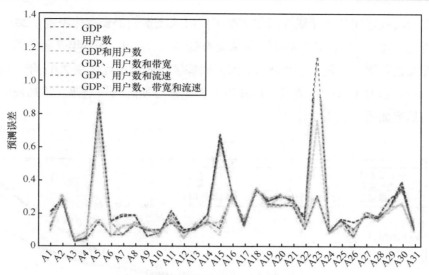

图 4-12　多元线性回归的影响因素分析

（2）多元线性回归模型对训练区间的敏感性

多元线性回归模型对训练区间的敏感性受集团调控或网络拓扑结构调整等因素的影响，多元线性回归对训练区间的起点敏感，如图 4-13 所示。图 4-13（a）的训练区间是 2009 年 1 月 1 日—2013 年 6 月 1 日，图 4-13（b）的训练区间是 2011 年 1 月 1 日—2013 年 1 月 1 日，A14 节点三元线性回归（GDP、用户数和流速）在不同训练区间下效果差异明显。同时从图 4-13 可以看出，A14 节点流量在 2010—2012 年的流量特性呈现明显差异，图 4-13（a）中的三元回归学习了这些波动，因此后期预测时出现幅度较大的波动，而图 4-13（b）将从 2009 年开始回归训练调整到 2011 年后，避开了流量变化较大的区间，三元回归的预测结果有所改善。因此得出三元线性回归（GDP、用户数和流速）对少数节点的回归训练区间有一定的敏感性。

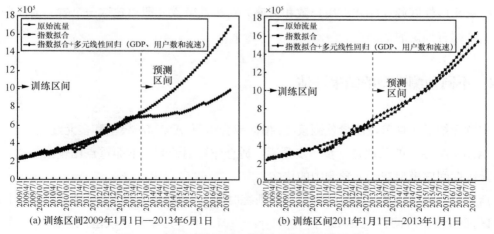

图 4-13　多元线性回归对训练区间起点的敏感度

（3）添加校验区间的多元线性回归模型不同时间流量的增长规律不同，2011 年后大部分省份的流量增速与 2011 年前相比均有减缓的趋势，若单从 2011 年开始做训练区间，训练区间长度又较预测区间短，不合常理。因此训练区间的起始点选在 2011 年之前，添加校验区间，以校正指数拟合所得曲线，使其更符合流量后期的增长规律。添加校验区间的多元线性回归模型如图 4-14 所示。

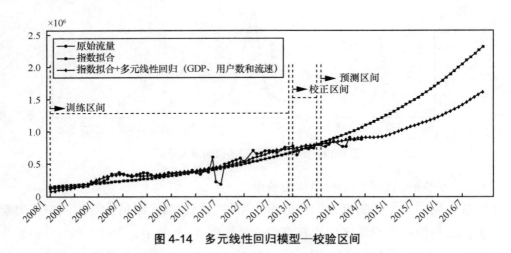

图 4-14　多元线性回归模型—校验区间

以 2009—2013 年为训练区间，预测未来 3 年的流量，通过对不同回归因素的判别，获得结论如下：

- 一元和二元线性回归的校正作用不明显；
- 三元线性回归（GDP、用户数和流速）的校正作用优于三元线性回归（GDP、用户数和带宽）；
- 四元线性回归（GDP、用户数、流速和带宽）的校正作用与三元线性回归（GDP、用户数和带宽或流速）相比无明显优势；
- 三元线性回归（GDP、用户数和流速）对少数节点（即福建这一个省）的回归训练区间有一定的敏感性。

4.1.4　不同预测模型的结果评估

本章介绍了 3 种节点流量预测模型：指数拟合模型、ARIMA 模型和多元线性回归模型。其中 ARIMA 模型的原理是一步一步预测，适合作短期预测。下面重点比较指数拟合模型和多元线性回归模型在长期预测中的优劣。

指数拟合模型和多元线性回归模型的训练时间为 2008 年 1 月 1 日—2012 年 7 月 1 日，校正区间和预测区间都是 2012 年 8 月 1 日—2013 年 7 月 1 日，模型预测结果如图 4-15 所示。

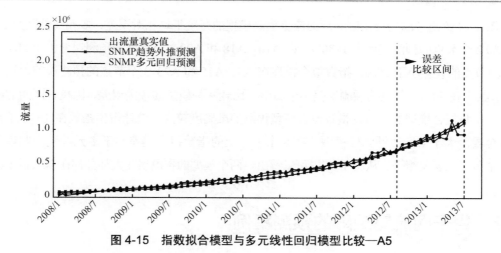

图 4-15　指数拟合模型与多元线性回归模型比较—A5

由图 4-15 得出的相对误差如图 4-16 所示。

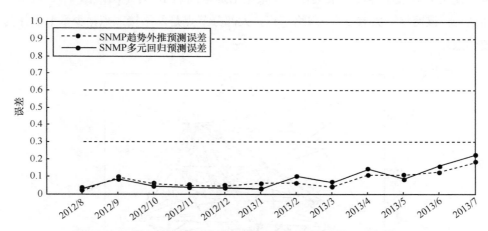

图 4-16　指数拟合模型与多元线性回归模型预测相对误差比较—A5

31 个省份的月度平均相对误差如图 4-17 所示。

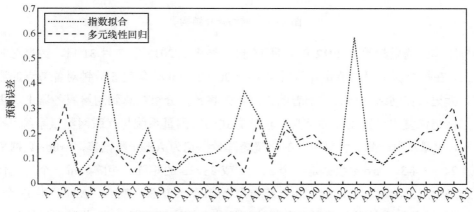

图 4-17　指数拟合模型与多元线性回归模型预测平均相对误差比较

图 4-17 给出了添加校正区间后的流量预测模型的月度平均相对误差，多元线性回归在 A2 和 A30 2 个节点的预测误差大于 30%，在 A16、A18 和 A29 3 个节点的预测误差大于 20%，在 84% 的节点的误差小于 20%。指数拟合模型在 A5、A15 和 A23 3 个节点的预测误差远远大于 30%，其中在 74% 的节点的预测误差小于 20%。比较两种模型的预测误差，因校正区间的添加是针对指数拟合模型的，所以指数拟合模型预测的准确度较高，统计得出指数在 16 个节点上的拟合误差大于多元线性回归模型，在 8 个节点上的指数拟合误差小于多元线性回归模型，在 7 个节点上误差相等。从图 4-17 中可以看出，两个模型的预测误差大部分都在 20% 以下。

4.2　骨干网流量矩阵的预测案例

本书使用的流量矩阵数据采集自中国某电信运营商的 IP 骨干网，图 4-18 展示了其网络拓扑结构。该网络一共有 27 个网络节点，大部分节点是网络接入点，少量节点作为网络转发核心点。

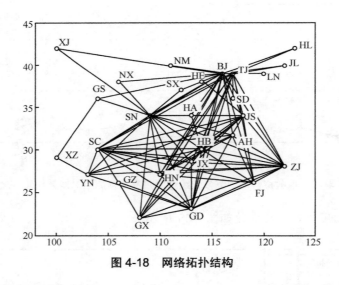

图 4-18　网络拓扑结构

流量矩阵的测量起始于 2012 年 8 月 15 日，终止于 2013 年 7 月 31 日，数据总时长约为 350 天。在每个测量日的流量峰值时段（19：00—21：00），每隔 5 分钟对各节点的流量进行采样和标记。在网络中分布式部署的探测器先将数据分组汇总到测量服务器上，再由服务器根据标记恢复出各数据流的信息。该分布式网络测量系统与互联网测量系统[1]的测量设备相同，测量机制一致。将采集到的流量矩阵数据记为 Arbor 数据集，Arbor 数据集的样例见表 4-2、表 4-3，Arbor 数据是一个 31×31 或 33×33 的矩阵。矩阵的每一个元素代表从起始点到终止点的流量。起始点、终止点均为"国际""互联"或 A1~A31，共 33 个节点。Arbor 数据描述从特定的省份节点去向其他省份节点的流量和流向，这些数据以流量矩阵的形式保存。其测量原理是对高速骨干网路由器的流量进行采样，通过对分布式系统所捕获的数据分组的综合分析获得该数据分组在网络中传输的流向和流量。由于测量所需要的软硬件资源较多，且可能影响到现网的运营，因此测量的采样时段不宜太长，采样率不宜过大。流量矩阵中各元素表示网络中从源节点到目的节点的流量大小，其中源、目的节点对称为 OD 对，由 OD 对构成的流量矩阵叫 OD 矩阵。

表 4-2　Arbor 数据集样例——正常数据

起始点	终止点				
	国际	互联	A1	A2	A3
国际	0	0	2 240.04	987.69	3 800.28
互联	0	0	2 782.56	1 808.4	3 129.39
A1	1 188.67	2 681.25	33 660	1 222.32	3 305.94
A2	695.31	1 441.77	771.21	4 605.81	1 617.33
A3	1 970.1	6 028.44	3 032.04	3 177.57	33 000
A4	6 364.38	7 722.99	4 979.7	469.92	3 072.3
A5	2 464.11	5 281.98	2 533.41	1 235.85	6 340.95
A6	287.23	1 071.51	853.05	400.29	889.68
A7	59.45	105.13	71.61	36.96	158.73
A8	1 051.05	1 848	831.6	435.6	2 166.45

表 4-3　Arbor 数据集样例——缺失数据

起始点	终止点			
	国际	互联	A1	A2
A4	6 603.5	665.5	3 334.5	42.8
A5	1 631	887	4 526	3 289
A6	1 067	334	390	779.06
A7	87	21.32	96.58	97.25
A8	432.5	210	1 014	1 019.5
A9	1 161.5	526.5	2 642.5	3 335.16
A10	3 801	1 423.5	5 737.5	11 212.27
A11	905.37	437	1 909	1 368.05
A12	2 612.5	1 067.5	4 025.5	7 057.5
A13	1 982.5	2 240	1 578	3 021.5
A14	602.01	981.5	4 184.5	27.56
A15	…	…	…	…
A16	4 557.5	2 039	9 021	10 133.33
A17	2 169.19	887.8	2 959.6	1 229.51
A18	693	309	1 218.5	1 749.51

从表 4-3 中可以看出，采集所得数据有缺失值。在实际数据采集的过程中，系统硬件故障、定期维修等原因会导致数据异常或丢失，具体表现在采集所得数据的形式为零元素和空元素。流量时间序列在数据异常区间内会出现极小、极大或零值，这些异常值会直接影响流量矩阵的预测。为了数据的完整性和合理性，对零值和空值进行补全处理，采用插值法。插值是指利用已知的基准数据估算出基准数据之间未知或不确定的其他点的函数值。因只涉及时间和流量两个变量，本研究采用一维插值。一维插值有如下几种方法：最邻近插值法、线性插值和三次样条插值等。本研究采用最邻近插值法。

最邻近插值法的原理：首先确定待插值的起始节点 i 和 j，查找 $x_t(i,j)$ 序列上是否有缺失点，如果有，则在该时间序列上插值；查找在该时间序列上元素值为零的时刻 $t(t \subseteq (1,2,\cdots,T))$，其中 T 是采集数据时间长度，对 $x_t(i,j)$ 进行插值；用最邻近插值法求得 t 时刻的插值为 $\hat{x}_t(i,j) = (x_{(t+1)}(i,j) + x_{(t-1)}(i,j))/2$。图 4-19 展示了 A32 与 A26 两个节点在数据预处理前后的区别。

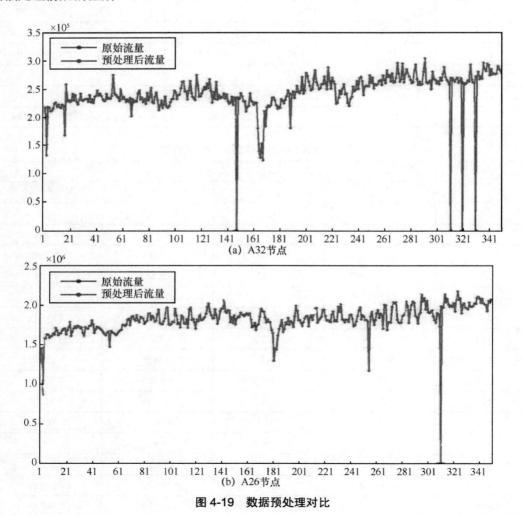

(a) A32节点

(b) A26节点

图 4-19　数据预处理对比

4.2.1　基于独立节点的流量矩阵预测

第 3.4.1 节介绍了独立节点模型的设计思想以及算法实现[2]，这里给出采用独立节点模型预测流量矩阵的具体案例。在独立节点预测模型中，首先各节点流量单独使用指数拟合（趋势外推法）进行预测，将预测得到的节点总出流量乘以节点流量流向占比系数即可得到矩阵各元素的预测流量。使用独立节点模型的前提条件是节点流量流向占比不随时间变化或基本保持稳定，图 4-20 给出节点流量流向占比随时间的变化规律。

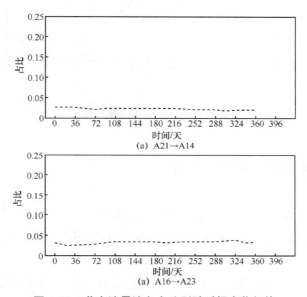

图 4-20　节点流量流向占比别随时间变化规律

图 4-20（a）表示 A21→A14 的流量占据 A21 出流量的比例，图 4-20（b）表示 A16→A23 的流量占据 A16 出流量的比例，从中可以得出节点流量流向占比保持稳定，这说明骨干网的流量矩阵特征满足独立节点模型成立的前提条件。在节点占比保持稳定的前提下，独立模型的准确与否则取决于独立节点流量预测的准确度。为了直观地表示独立节点预测模型的预测效果，本节选取了重要节点 A16 与次要节点 A21 两个节点，结果如图 4-21 所示，其中训练时间长度约为 280 天，预测时间长度约为 70 天。

分析图 4-21 可知，指数拟合预测方法可以捕捉某些流量时间序列（如 A16 节点）的流量特征并根据拟合参数进行预测，但不具有指数增长特性的流量时间序列（如河南节点流量）就会产生较大的预测误差。这就是指数拟合法中存在的"过拟合"现象。由于指数拟合只有两个参数，属于简单的趋势拟合模型，不能抓住包含过多冗余信息的流量时间序列（如 A21 节点流量）的趋势信息。而且独立节点模型的预测精度分布比较随机，不存在重要节点的预测误差低的现象。

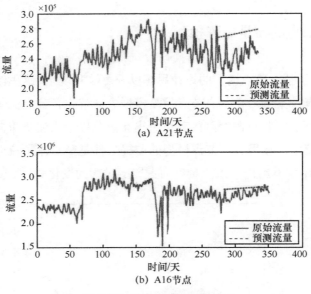

图 4-21　INP 流量预测对比

4.2.2　基于关键元素的流量矩阵预测

第 3.4.2 节介绍了关键元素模型的设计思想以及算法实现[2]，并指出了关键元素模型的几个关键点：确定关键节点和关键节点的关键流向以及关键元素校正。下面给出具体的实现步骤。

- 关键节点的选取：根据流量数据的地域特征寻找网络中的关键节点。"关键节点"顾名思义指的是节点流量占全网总流量比例大、对全网有关键性影响的 P 个节点。节点流量在总矩阵流量中的占比如图 4-22 所示。根据图 4-22 可知，本网络中存在 3 个关键节点，即 1、2、3 号节点，故 $P=3$。

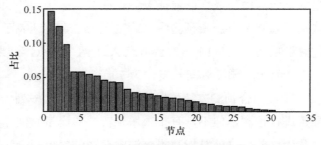

图 4-22　节点流量在总矩阵流量中的占比

- 关键元素的选取：分析节点流向差异性以寻找关键节点的关键元素。根据流量矩阵的构成可知，关键节点 i 在流量矩阵占第 i 行，此节点的关键元素是指第 i 行中流量

较大的 Q 个元素,节点 2 流向其他节点的流量占其节点流量的比例如图 4-23 所示。根据图 4-23 可知,节点流量中只有一个元素的流量远超过其他元素,故 $Q=1$。

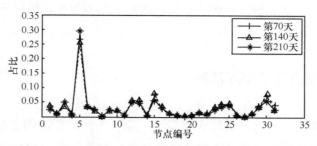

图 4-23 节点 2 流向其他节点的流量占其节点流量的比例

- 关键元素的校正:用独立节点模型预测流量矩阵,得到预测的流量矩阵。对关键元素拟合分析,获得关键元素的预测结果。用关键元素预测的结果校正独立模型的预测结果,完成矩阵预测。用关键元素更加精确的结果校正该元素对应节点所影响的元素,综合考虑传统分析方法与关键元素的分析结果,完成流量矩阵的预测。

关键元素模型预测分为总流量初步预测与关键元素校正两个部分。与非关键节点相关的 OD 流量由总流量预测后分摊计算得到,与关键元素相关的 OD 流量的预测会被关键元素校正,关键 OD 和非关键 OD 的预测情况如图 4-24 所示。

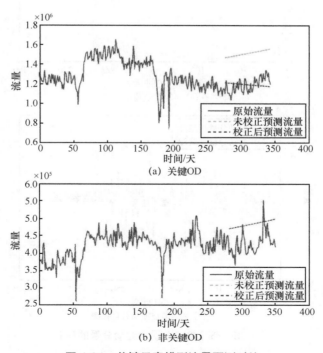

(a) 关键OD

(b) 非关键OD

图 4-24 关键元素模型流量预测对比

分析图 4-24(a)中 3 条预测曲线后发现,未校正预测流量与校正后的流量更加接近真实流量，网络流量的主体部分的预测误差可以得到明显的改善。网络流量的主体部分能被准确预测，则此预测算法预测较独立节点模型有一定的改善。图 4-24（b）中的非关键 OD 没有校正部分，说明基于关键元素的校正算法达到了预测效果，但对于非关键节点的预测误差依旧较高。

4.2.3　基于主成分的流量矩阵预测

主成分模型是结合多种方法的综合模型[2]，其第一个步骤是通过 Kalmanek 模型对节点流量进行分解，处理后得到节点流量的趋势分量与波动分量。A24 节点的时域分解结果如图 4-25（a）所示。主成分模型运用 ARIMA 模型对流量分解产生的波动分量，进行预测，结果如图 4-25（b）所示。

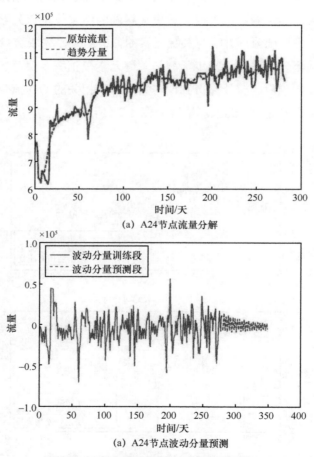

(a) A24节点流量分解

(a) A24节点波动分量预测

图 4-25　节点趋势分量和波动分量的预测

基于主成分模型的流量矩阵预测结果如图 4-26 所示，可以看出，在预测时间段内，预测流量能预测出实际流量的波动变化。

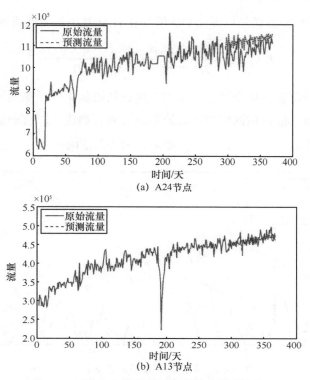

图 4-26　基于主成分模型的流量矩阵预测结果

4.2.4　不同预测模型的结果评估

独立节点模型、关键元素模型和主成分模型 3 种预测模型分别采用不同的方法原理对流量矩阵进行处理分析，给出了流量矩阵的预测结果。为了选择合适的流量矩阵模型，需要从不同角度对各模型进行评估。已知 3 种模型使用的数据集相同，均是 Arbor 流量矩阵数据集。该流量矩阵的数据时间跨度约为 350 天，前 280 天的数据是各模型的训练区间，余下约 70 天的数据是待预测区间。同时，待预测区间的真实采集数据已知，通过比较不同模型预测得到的数据和真实采集数据，即可评估模型的准确度。

为了从不同角度评估 3 种流量矩阵预测的准确度，引入以下 3 种误差评价指标。

• 总流量矩阵的预测误差：评估总矩阵流量在 $t+\Delta t$ 时预测的准确度，其定义如下：

$$E_{Z,t+\Delta t} = \frac{\left| \hat{Z}_{t+\Delta t} - Z_{t+\Delta t} \right|}{z_{t+\Delta t}} \tag{4-6}$$

• 节点流量的平均预测误差：评估节点流量在 $t+\Delta t$ 时预测的准确度，其定义如下：

$$E_{y(i),t+\Delta t} = \frac{1}{N} \sum_{i=1}^{N} \frac{\left| \hat{y}_{t+\Delta t}(i) - y_{t+\Delta t}(i) \right|}{y_{t+\Delta t}(i)} \tag{4-7}$$

- OD 流量的平均预测误差：评估 OD 流量在 $t+\Delta t$ 时预测的准确度，其定义如下：

$$E_{x(i,j),t+\Delta t} = \frac{1}{N^2} \sum_{i=1}^{N} \sum_{i=1}^{N} \frac{\left| \hat{x}_{t+\Delta t}(i,j) - x_{t+\Delta t}(i,j) \right|}{x_{t+\Delta t}(i,j)} \qquad (4\text{-}8)$$

总流量矩阵的预测误差从全网总流量的角度评估流量矩阵预测模型的优劣。因该指标注重矩阵总流量，而不能评估网络节点以及矩阵元素预测优劣，有一定的局限性。计算预测区间内的流量矩阵总流量的预测误差，结果如图 4-27 所示。

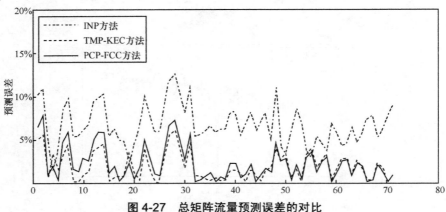

图 4-27 总矩阵流量预测误差的对比

从图 4-27 中可以看出，随着预测区间的增长，简单的独立节点模型和关键元素模型的节点流量预测误差随着预测周期变长，有增大的趋势，对比发现，两者的误差不相上下，均在 15% 上下波动。而主成分模型的节点平均预测误差在时间维度上较为稳定，平均在 10% 以下。这说明，主成分模型对趋势分量与波动分量的处理，可以较为有效地排除短期流量波动对流量预测的影响。

不同于总流量矩阵的预测误差指标，节点流量的平均预测误差侧重于评估网络节点流量预测的准确度。首先计算预测区间内各个节点的预测误差，然后在时间轴上对各个节点的预测误差求平均值，结果如图 4-28 所示。

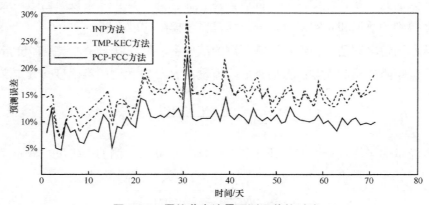

图 4-28 平均节点流量预测误差的对比

图 4-27 中给出了 3 种预测方法在总矩阵流量预测误差指标上的对比。与图 4-28 结论类似的是，独立节点模型的预测误差随着预测区间的增加而波动较大，且平均误差在 8% 左右。而主成分模型和关键元素模型预测误差近似，在整个预测区间内几乎均低于 5%。TMP-KEC 方法以总流量预测为主体，以关键元素预测为校正，两方面都从主要流量的准确度角度考虑，从总流量预测上看出现了总流量预测误差低的情况。综合上述两个指标，关键元素模型能取得更好的矩阵预测效果。

图 4-28 给出的是节点流量在时间轴上的平均预测误差，为了分析各个节点被预测的准确度，给出了各个节点在预测区间内的平均预测误差，结果如图 4-29 所示，其中节点按照流量大小降序排列。

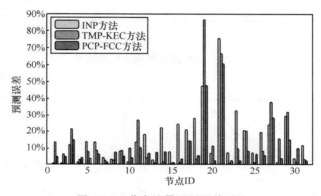

图 4-29 节点流量预测误差对比

根据流量的地域性分布特征可知骨干网中存在关键节点，该部分节点可能是运营商较为关注的重点，它们的预测误差对评估模型的优劣更有价值。从图 4-29 可以看出，对于流量较大的前 10 个关键节点，3 种模型的预测结果都在 20%以下，关键元素模型和主成分模型的预测误差更在 10%以下。从整个网络的每一个节点来看，虽然主成分模型的预测精度不能完全超过独立节点模型和主成分模型，但其使所有节点的预测结果保持在一个相对较低的范围内，在 31 个节点中，有 25 个节点的预测误差低于 10%。结合骨干网全部节点以及关键节点的预测误差大小，可以判断主成分模型在均衡二者方面效果更好。

与节点的平均预测误差相同，OD 流量的平均预测误差首先计算各个 OD 流的预测误差，然后在预测区间内对各个 OD 流的预测误差求平均值。流量矩阵最基本的元素是 OD 流，该标准从更精细的角度评估各模型，结果如图 4-30 所示。

从图 4-30 可以看出，独立模型和关键元素模型两条误差曲线几乎重合，主成分的 OD 流平均预测误差相对较小，但 3 种模型的预测误差曲线相差不大。为了反映流量矩阵中各个元素的预测误差，随机选择预测区间内的某一天，比较预测得到的该天的流量阵与真实采集的流量阵的误差。将预测结果与原始真实数据在二维坐标图上描点，如图 4-31 所示。为便于观测，绘制了零误差参考线（实线）和±20%误差参考线（虚线）。点越接近直线 $y=x$，表示节点的预测越准确，落入±20%误差参考线区间之内的点即有不超过±20%的预测误差。

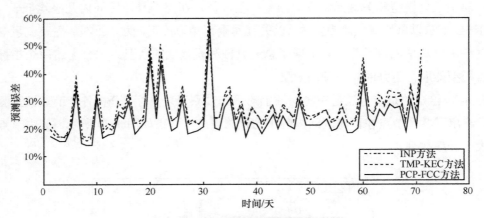

图 4-30　OD 流量的平均预测误差

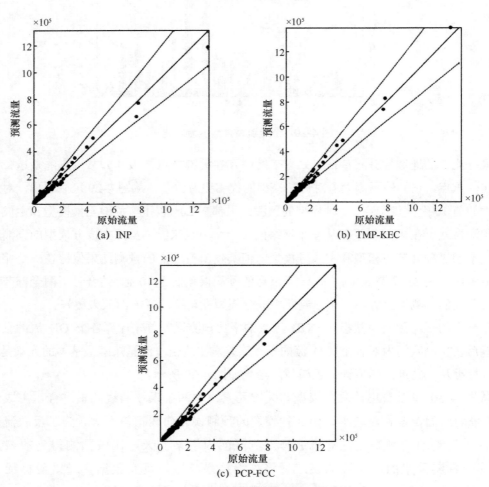

图 4-31　OD 流量预测误差对比

在图 4-31（a）中，独立节点模型预测得到的大部分点都高于直线 $y=x$，有少量节点的预测结果甚至是真实数据的 2 倍之多。这表明基于指数拟合的模型受到短时流量波动的影响较大，易于出现"过拟合"的问题。

在图 4-31（b）中，关键元素模型控制了流量较大的 OD 流量的误差，但图 4-31 中靠近原点的点中有一部分较大程度地偏离了直线 $y=x$，即流量值较小的 OD 并未被准确地预测。这表示 TMP-KEC 方法抓住了网络中流量较大的重要节点与关键元素。

在图 4-31（c）中，主成分模型预测得到的点大部分集中在 ±20% 误差参考线区间之内，预测误差并没有因流量大小而显示出差异性。这表明 PCP-FCC 方法较为有效地抑制了大部分流量矩阵元素的预测误差，提升了流量矩阵节点的平均预测精度。

最后将上述预测结果以累积密度函数图（CDF）的形式呈现出来，结果如图 4-32 所示，若以预测误差低于 20% 为预测要求，主成分模型中约 75% 的 OD 预测能达到这个要求，关键元素模型和独立节点模型只有 65%。总体上来说，从 OD 流量的预测精度来看，主成分模型最佳，关键元素模型和独立节点模型次之，这证明了主成分模型能有效降低全网所有 OD 的预测误差。

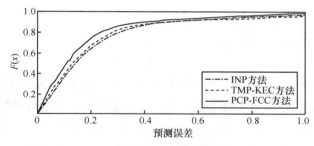

图 4-32　OD 流量预测误差的累积分布函数对比

参考文献

[1] LABOVITZ C, IEKEL-JOHNSON S, MCPHERSON D, et al. Internet inter-domain traffic[Z]. 2010.

[2] LIU W, HONG A, OU L, et al. Prediction and correction of traffic matrix in an IP backbone network[Z]. 2014.

第5章

网络路由规划与流量调度

5.1 IP 网络路由规划

5.1.1 IP 网络流量工程的需求

20 世纪 60 年代末期，美国国防部高级研究计划局（Defense Advanced Research Projects Agency，DARPA）进行了 ARPANET 的试验，当时国际上冷战形势严峻，ARPANET 的指导思想是要研制一个能经得起故障考验（战争破坏）而维持正常工作的计算机网络。经过 4 年的研究，1972 年 ARPANET 正式亮相，该网络建立在 TCP/IP 之上，它能够将不同的异构网络互联。1983 年以后，人们把 ARPANET 称为 Internet。1986 年美国国家科学基金会把建立在 TCP/IP 协议集上的 NSFNET 向全社会开放。1990 年 NSFNET 取代 ARPANET，被称为 Internet。20 世纪 90 年代以来，特别是 1991 年，WWW 技术及其服务在 Internet 上确立，Internet 被国际企业界普遍接受，它是一个全球性的计算机网络。IP 网络采用的是使用共享介质的网络结构，这就不可避免地存在着网络资源的竞争，虽然网络带宽很大，但当用户数增加时，每个用户实际获得的链路传送能力将大幅下降。近年来，随着 WWW 的巨大成功和日益普及，Internet 在全球范围内呈爆炸性增长，Internet 上的主要业务由传统的文件传送、电子邮件和远程登录等转向应用丰富的多媒体通信（如网络电话、电子商务、视频会议等）。多媒体通信的迅猛发展，要求网络能提供具有不同 QoS 等级的综合业务，由于 Internet 采用面向无链接的 IP，只能提供"尽力而为（best-effort）"服务，因此无法提供 QoS 保证。此外，对于 IP 网络，当网上信息流量持续增加时，由多层路由器构成的传统网络正趋向饱和，当现有 Internet 规模扩充到一定程度后，将在许多方面（带宽、路由、网络扩展性和 QoS）面临挑战。

传统的 IP 网络在路由时没有考虑网络约束和流量特征，所以导致低效路由。"尽力而为"服务仍是目前 Internet 中一种主要的服务类别，所有分组在网络中被同等对待，缺少有效的管理，局部的拥塞经常发生，导致网络性能下降、应用分组丢失和数据抖动。一方面，为了给用户提供更好的服务，QoS 是 IP 流量工程的一个主要目标；另一方面，对于网络系统本身来说，负载均衡和故障恢复也至关重要。与域内路由相比，运营商更关注域间路由，因为域间路由涉及费用结算等问题。

5.1.2 IP 网络流量工程实施框架

IP 网络流量工程的框架如图 5-1 所示[1]，工作流程分为 3 步：测量网络拓扑和流量、根据路由配置进行路径选择以及配置 IGP 路由的代价权值。

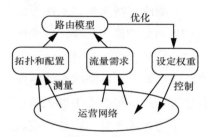

图 5-1 IP 网络流量工程系统框架

（1）测量网络拓扑和流量信息

为了选取最优的链路权值，必须实时准确地监测网络状态，其中包括网络中的路由器和链路状态、链路的性能和当前的 IGP 配置参数。链路性能和 IGP 参数可以从路由器配置数据或者外部数据库中获取。SNMP 通过 polling 或者 traps 提供网络单元（network element）的信息。除此之外，也可以在网络中部署 IGP 路由监测器来追踪拓扑和参数信息。

除了监测网络状态，还需要预测路由器之间的流量。在某些情况下，这种预测是基于过去的经验或者客户订阅信息的。在其他情况下，对整个网络流量信息的收集是通过一些复杂的测量技术实现的，目前主要有 4 种方法：第一种，基于网络的转发模式直接通过 SNMP MIB（management information base）获取流量信息；第二种，基于网络边缘路由器的路由表信息，结合分组级（packet-level）和流级（flow-level）测量计算出流量（offered traffic）；第三种，基于对聚合负载（aggregate load）的观测和路由数据推测出流量信息，这种方法叫作网络断层扫描（network tomography）；第四种，通过分组取样技术直接观测流量。

（2）根据路由配置进行路径选择

流量工程需要基于路由配置有效预测全网的流量，当所有的链路都属于一个

OSPF/IS-IS 域时，只需要在每对路由器之间计算出最短路径。但是大型网络都划分成多个域，对于不同域间的路由器，路径选择依赖于域边界之间传达的域信息。在某些情况下，同一对路由器之间可能会有多条最短路径，但是 OSPF 和 IS-IS 协议无法处理这种情况。实际上，大多数路由器会将流量平分到多条路径上以均衡负载，但是 IGP 只提供静态链路权值，无法为流量在不同路径之间的任意分割提供参考依据。

路由模型计算出所有路由器对之间的路径，再基于拓扑和 IGP 配置信息，结合流量需求预测出每条链路上的流量。路由模型还负责捕捉域间路由的 IGP 交互。在 BGP 决策过程中，根据到每个出口点的最短路径选取路径，这样每个路由器都能选择最近的出口点。

（3）配置 IGP 路由的代价权值

为了修改 IGP 权值，需要给路由器对应的命令，这就需要运行 telnet（远程终端协议）或者 SSH（secure shell）来连接到每个路由器的命令行接口。不同操作系统对应着不同的命令，这些命令由网络操作员人工运行或者由脚本自动运行。通常，网络提供商都有一个网络管理系统来配置路由器，一个集成的网络管理系统可以自动执行拥塞检测、选取及修改 IGP 权值的过程，但是鉴于 IP 网络的庞大规模，一个服务提供商必须安排一个操作员监督整个过程。

随着路由代价权值的更改，路由器更新链路状态数据库，并且将新的权值信息洪泛给全网，收到新的链路状态信息公告之后，每个路由器更新自己的链路状态数据库，然后计算出新的最短路径，更新转发表中的对应条目。在这个收敛过程中，对于某些目的地，网络中的不同路由器掌握的最短路径信息无法达成一致。这个过程和网络拓扑发生改变之后的收敛过程相似，但是权值修改的收敛时间比拓扑改变的收敛时间短，这个收敛过程无法避免，因此不应该频繁修改权值，只在特定情况下修改权值，比如链路容量扩充、重要设备发生故障或者流量需求发生大幅变化时。

5.1.3　IP 网络最短路径路由算法

最短路径有着非常广泛的应用，这里的最短路径不仅指一般地理意义上的距离最短，还可以引申到其他度量上，如时间、代价和链路容量等，相应地，最短路径也就成为最快路径、最小代价路径等。求解最短路径问题的算法有 Floyd 算法、Bellman-Ford 算法和 Dijkstra 算法，它们是各种 QoS 路由算法的基础。

（1）Floyd 算法

从 i 到 j 的路径要么是 $i \rightarrow j$，要么中间经过了若干顶点，显然要求的是这些路径中最短的一条。这样一来，问题就很好解决了——最初都是源点到目的点，然后依次添加顶点，使得路径逐渐缩短，顶点都添加完了，算法就结束了。

算法分析：令 D_{ij}^0 为将 $1, 2, \cdots, k$ 作为中间节点的从 i 到 j 的最短路径长度，则算法开始时，$D_{ij}^0 = d_{ij}$，对于所有 i、$j, i \neq j$。对于 $k = 0,1,\cdots,n-1$，有：

$$D_{ij}^{k+1} = \min\left[D_{ij}^k, D_{i(k+1)}^k + D_{(k+1)j}^k \right], i \neq j \tag{5-1}$$

式（5-1）是在已知 i 到 j 的最短路径长度 D_{ij}^k 的条件下，计算在 i 到 j 的最短路径上添加节点 $k+1$ 后的最短路径长度。在允许添加节点 $k+1$ 的情况下，有两种可能：一种是路径包含节点 $k+1$，此时的路径长度为 $D_{i(k+1)}^k + D_{(k+1)j}^k$；另一种是节点 $k+1$ 不包含在最短路径中，此时路径长度等于用 $1,2,\cdots,k$ 作为中间节点的最短长度。最短路径长度取上述两种可能情况下的最小值，即有式（5-1）成立。算法共需 3 层循环，总的时间复杂度是 $O(n^3)$。

（2）Bellman-Ford 算法

Bellman-Ford 算法的基本思想如下所述：对于给定的源节点找出一条最短路径，该最短路径是从最多只含一条链路的路径中选择出来的，接着再找出最多只含两条链路的最短路径，以此类推。

定义 s 为源节点。$w(i, j)$ = 节点 i 到节点 j 之间的链路费用：$w(i,i) = 0$；$w(i, j) = \infty$ 表示节点之间不直接相连；若两节点之间直接相连，则 $w(i, j) > 0$。h 为算法在目前阶段具有的最大链路数。$L_h(n)$ 表示在链路不多于 h 条的情况下，从节点 s 到节点 n 的最小费用路径的费用。BF 算法的迭代过程如下。

步骤 1　初始化：$(n) = \infty$，$n \neq s; h = 0; L_h(s) = 0$；

步骤 2　迭代：$(n) = \min(L_h(j) + (j,n))$，$j = 0,\cdots,n$；$h = h+1$，只要有一个 $L_k(n)$ 被更新，则执行步骤 2，否则程序结束。

该算法的计算复杂度是 $O(M \cdot N^2)$，其中 M 为链路数，N 为节点数。

这就是 Bellman-Ford 算法，可以看到，采用 Floyed 算法的思想不能使算法的时间复杂度从 $O(n^3)$ 降到预期的 $O(n^2)$，只使得空间复杂度从 $O(n^2)$ 降到了 $O(n)$，但这也是应该的，因为只需要原来结果数组中的一行。这个算法并不是为了解决"边上权值为任意值的单源最短路径问题"而专门提出来的，是 Dijkstra 算法的"推广"版本和 Floyed 算法的退化版本。

显然，Floyed 算法是经过 n 次 n^2 条边迭代而产生最短路径的。如果想把时间复杂度从 $O(n^3)$ 降到预期的 $O(n^2)$，就必须把 n 次迭代的 n^2 条边变为 n 条边，也就是说每次参与迭代的只有一条边——问题是如何找到这条边。

假设从顶点 0 出发到各个顶点的距离是 $a_1, a_2,\cdots, a_n$，那么，这其中的最短距离 $a_i(i = 1,2,\cdots,n)$ 必定是从 0 到 n 号顶点的最短距离。这是因为，如果 a_i 不是从 0 到 n 号顶点的最短距离，那么中间必然经过了某个顶点，一个比现在这条边长的边加上另一条非负的边，是不可能比这条边短的。从这个原理出发就能得出 Dijkstra 算法。

（3）Dijkstra 算法

Dijkstra 算法的基本思想是按照路径长度增加的顺序来寻找最短路径。假定所有链路的长度均为非负，所以任何多条链路组成的路径的长度都不可能短于第一条链路的长度，到达目的节点的最短路径肯定是目的节点的最近邻节点所对应的单条链路，次最短路径肯定是目的节点的次最近的邻节点所对应的单条链路，或者是通过前面选定的节点的最短的由两条链路组成的路径，依此类推。

Dijkstra 算法是通过对路径长度的迭代得到从源节点到目的节点的最短路径的。设每个节点 i 标定到达目的节点 1 的最短路径长度为 D_i，如果在迭代过程中，D_i 已变成一个确定值，则称节点 i 为永久标定节点，这些永久标定节点的集合用 P 表示。在算法中，将与目的节点 1 最近的节点加入 P 中。算法步骤如下。

步骤 1　$P = 1, D_1 = 0, D_j = d_{j1}, j = 1$（如果 $(j,1)$ 不属于 P，则 $d_{j1} = \infty$）。

步骤 2　（寻找下一个与目的节点最近的节点）求使式（5-2）成立的 i、j：

$$D_i = \min D_j, j \in P \tag{5-2}$$

置 $P = P U_i$。如果 P 包括了所有节点，则算法结束。

步骤 3　（更改标定值）对所有 j 不属于 P，有：

$$D_j = \min\left[D_j, d_{ji} + D_i\right] \tag{5-3}$$

然后返回步骤 2。

讨论　到目前为止共介绍了 3 种最短路径的构造方法，它们都是通过迭代的方法求得最终结果的，它们的主要差别是迭代的内容不同：Bellman-Ford 算法是对路径中的链路数 $(1, 2, \cdots, n-1)$ 进行迭代；Dijkstra 算法是对路径的长度（最短长度，次短长度，…）进行迭代；Floyd 算法是对路径的中间节点（1 个中间节点，2 个中间节点，…）进行迭代。

5.1.4　IP 网络 QoS 路由算法

在之前的互联网中，一次会话的数据分组可能会沿着不同的路径到达目的地，网络资源被平等使用。然而，这种架构无法满足综合服务网络的要求：首先，它不支持资源预留，这对于保证端到端服务质量很关键；其次，数据分组可能会发生无法预计的时延和无序到达目的地的情况，实时的服务无法接受这种情况。

为了支持综合服务，QoS 路由应运而生。QoS 路由不同于传统的"尽力而为"路由：QoS 路由是面向连接的、通过资源预留来保证服务的路由方式；而"尽力而为"路由可以是面向连接也可以是无连接的，根据现有的资源进行路由。QoS 路由关注的是如何满足每个连接的 QoS 需求，降低呼叫阻断概率，而传统路由关注的是公平性、吞吐量和平均响应时间。

但是 QoS 路由的实现遇到了很多挑战。首先，一些像网络电话的分布式应用要求多种 QoS 约束，比如时延、时延抖动、分组丢失率和带宽等，多约束会让路由问题变得难以处理。其次，未来的综合服务网络很有可能同时存在 QoS 流量和"尽力而为"流量，这会让网络优化变得复杂，如果这两种流量的分布是相互独立的，那么就很难确定最佳操作点（operating point），虽然 QoS 流量由于资源预留不会受到影响，但是"尽力而为"流量的总吞吐量会因为对流量分布的误判而受到很大的影响。最后，由于瞬时的负载波动、连接接入断开等，网络状态是动态改变的，随着网络规模的不断增大，收集实时的状态信息变得越来越困难，尤其是无线通信，如果网络状态信息是过时的，QoS 路由算法的性能会大大降低。

路由问题主要分为两类：单播路由和多播路由，QoS 路由也是一样的。单播路由问题定义如下：给定一个源节点 s、一个目的节点 t 和约束集合 C，目标就是找到从 s 到 t、满足约束 C 的最佳路径。多播路由问题定义如下：给定一个源节点 s、目的节点集合 R 和约束集合 C，目标就是找到一棵满足约束 C、从 s 到 R 中所有节点的最佳路径树。这两种路由问题是紧密相关的，在很多情况下，多播路由都可以看作一种广义的单播路由。

根据如何维护状态信息和寻找可行路径，可以将路由策略分为 3 类：源路由、分布式路由和层次路由。在源路由中，每个节点都管理着网络的全局状态信息，包括网络拓扑和每条链路的状态信息，因此基于这些全局状态，路径的计算是由源节点在本地完成的。控制信息沿着选取的路径散播出去，通知中间节点它们前面有哪些节点，每个节点通过链路状态协议来更新全局状态信息。在分布式路由中，路径计算是分布式进行的，节点互相交换控制信息，每个节点收集状态信息用于路径计算。大多数分布式路由算法中每个节点需要距离向量协议来管理全局信息，基于距离向量信息，路由是逐跳进行的。在层次路由中，节点被聚合为多个组，再递归地聚合为更高层的组，创造出一个多层体系。每个节点都管理着聚合的全局状态信息，其中包含了节点本身所在组的详细信息以及其他组的聚合信息。源路由用于寻找一条路径，这条路径上的一部分节点代表了一个组的逻辑节点，然后控制信息沿着路径传播以建立连接，一个组的边界节点收到控制信息后，就使用源路由将路径扩展到其他组[2]。

表 5-1 展示了几种 QoS 路由算法。

表 5-1　QoS 路由算法分类

分类	路由策略	算法
QoS 单播路由算法	源路由	Guerin-Orda 算法[3]
		Awerbuch 算法[4]
	分布式路由	Wang-Crowcroft 算法[5]
		Cidon 算法[6]
	层次路由	PNNI 算法[7]
QoS 多播路由算法	源路由	Takahashi-Matsuyama 算法[8]
		Sun-Langendoerfer 算法[9]
	分布式路由	Kompella 算法[10]

5.1.4.1　QoS 单播路由算法

（1）Guerin-Orda 算法

Guerin 和 Orda[3]研究的是在网络状态信息不准确的情况下，如何解决带宽约束和时延约束的路由问题。非准确性模型是基于概率分布函数的，每个节点管理概率分布信息，每条链路拥有剩余带宽 w 的概率为 $p_l(w)$，其中 $w \in [0, \cdots, c_l]$，c_l 是链路的容量。带宽约束路由的目标是在给定带宽需求为 x 的情况下，找到一条最有可能满足该需求的路径，这个问题可以通过最短路径算法解决，其中链路的权值设为 $-\mathrm{lb}(p_l(x))$。

时延约束路由的目标是在给定端到端时延界限的情况下，找到一条最有可能满足需求的路径。假设链路的时延为 d 的概率为 $p_l(d)$，其中 d 的取值是从 0 到可能的最大值。时延约束路由是一个 NP 难问题，但是在某些特殊情况下这个问题可以在多项式时间内解决，比如对称网络和严格约束。

（2）Awerbuch 算法

Awerbuch 等[4]提出了一个用于带宽约束连接吞吐量竞争（throughput-competitive）路由算法，该算法结合了准许控制和路由功能，致力于最大化一段时间内的网络平均吞吐量。每条链路都与一个成本函数相关联，成本与带宽利用呈指数关系。经过证明可知这样的路径能够满足带宽需求，将 T 记为最大连接持续时间，v 为网络中的节点数。

（3）Wang-Crowcroft 算法

Wang 和 Crowcroft[5]提出了一种逐跳的分布式路由算法，对于所有可能的目的地，每个节点都提前计算出一个转发条目，该条目周期性更新，存储到达目的地的下一跳信息，一旦每个节点的转发条目都计算完成，路由过程就按照这些条目进行。

对于两个节点之间的所有路径，首先找出带宽最大的所有路径，其中时延最小的那一条就叫作 shortest-widest（最短）路径，每个节点都通过链路状态协议来维护全局状态信息。基于全局状态信息，使用一种改进版 Bellman-Ford 算法计算出到达每个目的地的 shortest-widest 路径对应的转发条目。路由路径就是中间节点转发条目的组合，如果每个节点的状态信息都是一致的，计算出来的路径就不会有环路，但是在动态网络中可能会产生环路。

（4）Cidon 算法

Cidon 等[6]提出了一种分布式多路径路由算法。每个节点都管理网络拓扑信息和每条链路的开销，当节点想要按照特定的 QoS 约束建立连接时，它寻找网络拓扑的一个子图，在这个子图中的链路总开销是"合理"的，这样的子图被称为"diroute"。拥有连接所需资源的链路就是合格的，资源预留报文在 diroute 子图中沿着合格链路向目的地洪泛，在不同的并行路径上预留资源，直至目的节点收到预留报文，该路径就建完了。在多条路径上预留资源让路由更加快速而且更有弹性，但是这样也加剧了资源冲突。

（5）PNNI 层次路由算法

PNNI[7]是一种层次化链路状态路由协议，为了便于说明该路由过程，图 5-2 中给出了一个例子，该网络一共有两层和三个组。假设每条链路都有一个单位的可用带宽，现在有一个从 A.1 到 C.2 的连接请求，带宽需求为 1。基于聚合状态信息，源节点 A.1 在自己的组内找到一条路径 A.1→A.2 以及一条更高层次的逻辑路径 A→B→C，目的地信息和逻辑路径信息都传送给下一个组 B，边界节点 B.1 收到从组 A 传来的信息之后，选择组内的一条链路 B.1→B.3→B.2，将全部信息传送到组 C，最终在组 C 内选择路径 C.1→C.2，完成路由。如果在路由过程中某条链路可用带宽不足，比如 B.1→B.3 的可用带宽小于 1，那么 B.1 就会选择 B.1→B.2 链路作为替代。

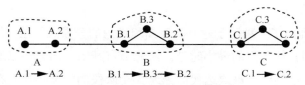

图 5-2　PNNI 路由过程样例

除了上面提到的，还有很多其他的 QoS 单播路由算法，表 5-2 给出了部分单播路由算法的比较。

表 5-2　QoS 单播路由算法比较

算法	解决的问题	路由策略	时间复杂度
Wang-Crowcroft 算法[5]	带宽时延约束	源路由	$o(vlbv+e)$
Ma-Steenkiste 算法[11]	带宽约束	源路由	$o(vlbv+e)$
	多约束	源路由	$o(kve)$
Guerin-Orda 算法[3]	带宽约束	源路由	$o(vlbv+e)$
	时延约束	源路由	多项式时间
Chen-Nahrstedf 算法[12]	带宽成本约束	源路由	$o(xve)$
Wang-Crowcroft 算法[5]	带宽优化	分布式路由	$o(ve)$
Salama 算法[13]	时延约束最低成本	分布式路由	$o(v^3)$
Sun-langendorfer 算法[9]	时延约束最低成本	分布式路由	$o(v)$
Cidon 算法[6]	通用	分布式路由	$o(e)$
Shin-Chou 算法[14]	时延约束	分布式路由	$o(e)$
Chen-Nahrstedf 算法[15]	通用	分布式路由	$o(e)$
PNNI 算法[7]	通用	层次路由	多项式时间

5.1.4.2　QoS 多播路由算法

（1）Takahashi-Matsuyama 算法

Takahashi-Matsuyama 算法[8]通过一种叫最近目的地优先（nearest destination first）的增

量方法找到一棵斯坦纳树（Steiner tree）。首先，找到距离源最近的目的地并且选取它们之间代价最小的路径；然后在每次迭代过程中找到距离已经构造的树最近的、还未连接的目的地的路径，将其添加到树中，该过程一直重复，直至所有的目的地都包含在树中。

（2）Sun-Langendorfer 算法

Sun 和 Langendorfer[9] 提出的算法使用 Dijkstr 算法建立一个近似约束斯坦纳树（constrained Steiner tree）。首先基于代价计算出最短路径树，也就是说，最短路径树中每条从源到目的地的路径都是最短的；然后对该树进行修改以满足时延约束，如果该树中到每个目的地的时延都超过了限定的时延，那就用最小时延路径代替最小代价路径。该算法的优势在于时间复杂度只有 $o(v)$。

（3）Kompella 算法

Kompella 等[16] 提出了一种用于建立约束斯坦纳树的分布式算法。每个节点需要维护一个距离向量，存储到其他节点的最小时延。从源节点开始，该算法以迭代的方式建立一个多播树，每次添加一条链路，每次迭代都分为 3 个阶段的报文传递：在第一个阶段中，源节点沿着已经建立的树广播以发现报文，当节点发现报文之后，它找到一条邻近链路，通过该链路可以到达树外的某个目的地，而且链路的时延需要满足约束；在第二阶段中，被选中的链路信息被传回给源节点，源节点在其中选择一条 minimizes the selection function（最小化选择函数）的链路 1；在第三阶段中，源节点发送添加报文将链路 1 添加到斯坦纳树中，迭代过程一直重复直至全部目的地都被包含在树中。

表 5-3 给出了一些多播路由算法的比较。

表 5-3　QoS 多播路由算法比较

算法	解决的问题	路由策略	时间复杂度
MOSPF 算法[17]	最小时延	源路由	$o(vlbv)$
Kou 算法[18]	最小时延	源路由	$o(gv^2)$
Takahashi-Matsuyama 算法[8]	最小时延	源路由	$o(gv^2)$
Kompella 算法[16]	时延约束最低成本	源路由	$o(v^3)$
Sun-Langendorfer 算法[9]	时延约束最低成本	源路由	$o(vlbv+e)$
Widyono 算法[19]	时延约束最低成本	源路由	指数时间
Zhu 算法[20]	时延约束最低成本	源路由	$o(kv^3lbv)$
Rouskas-Baldine[21]	时延约束最低成本	源路由	$o(klgv^4)$
Kompella 算法[10]	时延约束最低成本	分布式路由	$o(v^3)$
Chen-Nahrstedf 算法[15]	通用	分布式路由	$o(ge)$

5.1.5　IP 网络负载均衡路由算法

随着网络规模的不断增大及用户流量的不断增长，网络的负担越来越大，如果不合理分配资源就很容易造成拥塞。网络资源流量工程广泛定义了各种网络性能的优化，通过将流量转移到低负载路径上达到负载均衡优化的目的。目前用于流量工程的方法可以分为状态依赖的方法和时间依赖的方法：时间依赖的方法基于长时间尺度规划流量；而状态依赖的方法在短时间尺度基于当前流量的指标进行流量分配。这两种方法都是为了均衡负载和避免拥塞。

负载均衡的主要思路是将高负载路径上的部分流量转移到低负载路径上来减少拥塞以及提高网络资源利用率和吞吐量，负载均衡方法主要分为以下 4 种。

- 轮询转发（round robin forwarding）：只适用于所有路径权值相同（equal cost）的情况，否则会造成分组乱序，系统会以为发生了拥塞，最终导致网络吞吐量的下降。
- 时间依赖方法（balancing traffic on the basis of long time span as per the experience of the traffic）：基于很长一段时间的流量信息对当前流量进行规划，这种方法对动态流量的变化不敏感。
- 基于哈希的方法：是一种无状态方法（stateless approach），对五元组（source address，destination address，source port，destination port，protocol ID）子集应用哈希函数。这种方法很容易实现，但是无法实现流量的非均等分配，而且基于哈希的方法不会管理状态信息，所以不能支持动态流量工程。
- 状态依赖方法（routing traffic as per the metrics calculated from the traffic）：通过计算当前流量的指标（时延、分组丢失率等）来分配流量，如果能够保证流的完整性（flow integrity）及限制指标计算的额外开销，状态依赖方法是一种很有优势的方法[22]。

（1）基于轮询转发的负载均衡——ECMP 算法

在多条不同链路到达同一目的地的网络环境中，如果使用传统的路由技术，发往该目的地的数据分组只能利用其中的一条链路，其他链路处于备份状态或无效状态，并且在动态路由环境下的相互切换需要一定时间，而等值多路径路由协议算法可以在该网络环境下同时使用多条链路，不仅增加了传输带宽，并且可以实现无时延、无丢失分组地备份失效链路的数据传输。

（2）基于哈希表的负载均衡——CRC16 算法

直接哈希法（direct hashing）可以完成流量分割的工作，流量分配器对五元组的任意组合应用哈希函数，得到的哈希值用于选择路径。这种方法非常简单，因为不需要管理任何状态信息，但是会导致网络的不均衡。因此提出了基于 CRC16 的哈希方法[22]，对五元组应用 CRC16，对结果模除 N，再选择路径。CRC16 哈希法的计算复杂度比其他的哈希方法高，但是 CRC16 能够很好地均衡网络负载。

（3）基于状态依赖的负载均衡

1）VWTB 算法

VWTB（variable weight and traffics balance）算法[23]应用于层次网络中，主要使用了两种方法来达到负载均衡：第一种是流量分担（traffic sharing），用多条服务路径（service path）分担流量负载，具有类似属性的连接会被分配到几条不同的服务路径上，这样就能够更有效地利用网络资源；第二种是可变权值，用一个可变的权值来调整流量的分配。这两种方法不仅可以解决拓扑聚合和 SPF 算法造成的资源不合理使用问题，而且能够降低阻断概率，提高网络的生存能力。

2）ORSULB 算法

ORSULB（obvious routing scheme using load balancing）算法[22]是基于最短路径路由的负载均衡路由方法，路由过程共分为两个阶段：首先使用基于最短路径的路由找出全部最短路径；然后对于这些最短路径使用 TPR（two-phase routing）方法。TPR 是一种负载均衡路由方法，中间节点之间的每个流的路由都是基于 OSPF 协议的，当网络中的节点数量很多时，可选路径就会很多，这也就减小了网络的拥塞概率。但是该方案需要在网络的边缘节点和中间节点之间建立 IP 隧道，比如 IP-in-IP 和 GRE（generic routing encapsulation）隧道，因此可扩展性较差。

基于时间依赖的负载均衡对动态流量的变化不敏感，在此不再赘述。

5.1.6　IP 网络故障恢复路由算法

随着规模的不断扩大，互联网呈现出许多特点：大量实时业务开始在互联网上传输，例如 VoIP、在线聊天、视频点播和多用户在线游戏等，这些业务要求毫秒级的故障恢复时间；业务复用程度越来越高，尤其是密集波分复用（dense wave-length division multiplexing，DWDM）技术的采用使单根光纤拥有 Tbit/s 数量级的传输能力，所以单根链路故障造成的后果非常严重；大量关键性（mission-critical）业务，如电子商务等，对网络可用性要求很高。上述新特征对传统互联网的故障恢复能力提出了挑战。

与此同时，互联网是一个拓扑结构不断变化的动态网络，这是因为：互联网是一个即联即用的网络，不断地有新的设备加入互联网或损坏的设备离开互联网，使其拓扑结构不断变化；自然灾害（如地震等）、设备断电、自然老化等导致节点或链路出现硬件故障；人为原因造成配置错误或软件漏洞，使网络设备运行异常；对网络进行日常维护需要关闭某些设备；网络攻击频繁发生，恶劣的网络攻击能够在短时间内造成大量网络设备瘫痪。这些原因使互联网拓扑结构频繁变化，迫切需要通过故障恢复来保证其可靠性。

（1）故障非敏感路由算法

故障非敏感路由（failure insensitive routing，FIR）算法[24]使用基于端口转发的方法进行故障恢复。如图 5-3 所示，当网络没有故障时，S 到 T 的通信路径是 S→A→B→T；当链路 A→B 发生故障时，从节点 S 到 T 的分组会从 A 返回 S，S 通过检查分组的进入端口，可以推断链路 A→B 和 B→T 发生了故障，否则 A 不会将去往 T 的分组发到端口 S，这样节点 S 不必等待故障通知，就可以选择避开故障的通信路径 S→D→T。FIR 特别适合解决短暂性的、频繁发作的单链路故障，由于这类故障是网络中的多发故障，因此 FIR 可以大幅度提高 IP 网络的故障恢复速度。在故障发生时，FIR 抑制了故障引发的 IP 路由收敛过程，使用上面提到的基于端口转发的方法确定备份路径，这个过程可以在故障发生前完成。

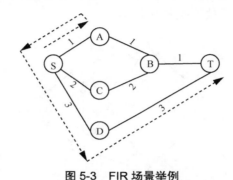

图 5-3　FIR 场景举例

（2）多配置路由算法

多配置路由（multiple routing configuration，MRC）算法认为将路由层的节点和链路有多个配置，并用 IP 分组中的 DSCP 字段来标识这些配置。如图 5-4 所示，对于相同的拓扑结构，通过对链路赋予不同的权值，得到两个不同的配置：正常配置 a 和备份配置 b。假设链路 A→B 出现故障，在正常配置 a 中，从节点 S 到 T 的通信路径 S→A→B→T 将受到影响；而在备份配置 b 中，将 A→B 的权值设为较大权值（如该配置中所有链路的权值之和），这样，当 S 运行 SPF 算法计算到 T 的路径时将成功避开链路 A→B，选择通信路径 S→C→D→T。如果在某个备份配置中将与节点相连的所有链路的权值设为较大值，那么在该备份配置中运行 SPF 算法时，该节点将被避开，故 MRC 还能用于解决节点故障问题。在 MRC 的备份配置中运行 SPF 算法确定备份路径的过程可以在故障发生前完成，因此 MRC 是主动式故障恢复方案。

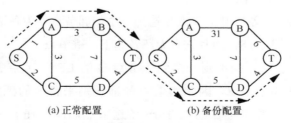

(a) 正常配置　　　　　　　(b) 备份配置

图 5-4　MRC 场景举例

（3）二出度路由算法

二出度（outdegree 2，O2）[26]路由算法要求对于任何目的节点，网络中的所有节点都至少有两个互不重合的下一跳可以到达。如图 5-5 所示，对于目的节点 T，网络中的所有节点都满足 O2 路由的要求。链路 A→B 被定义为"百搭链路"，只有 A→T 或 B→T 两者中的一条产生故障时才能使用。在 O2 路由中，当去往目的节点的某一条路径出现故障时，可以迅速地将通信切换到另外一条路径上进行。产生 O2 路由的 O2 算法和传统 SPF 算法中常用的 Dijkstra 算法不同，可以将 O2 路由看成一种新的路由协议。和传统的 IP 相比，除了故障恢复的速度快以外，O2 路由的优势还在于：网络负载更加均衡；故障发生后在本地完成故障恢复，而不必在全网内洪泛故障信息，网络更加稳定。O2 路由可以在故障产生前完成，因此 O2 路由是主动式故障恢复方案。

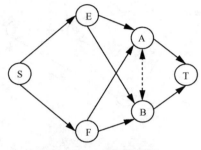

图 5-5　O2 场景举例

（4）无备选环路由算法

LFA（loop free alternate）算法[27]在故障发生时使用提前计算的备选下一跳路径进行流量重路由，这样，流量就不会中断，网络也会再次收敛。一旦网络收敛，路由表更新，流量就会沿着重新建立的下一跳路径传播；同时设置一个抑制计时器（hold down timer）保证节点在网络收敛之前等候一段时间。在选择备选路径时要保证不会产生环路，需要遵循以下准则：

- 无环准则 $\mathrm{cost}(N_i) < \mathrm{link}(N_i,S) + \mathrm{cost}(S)$ ；
- 下游路径准则 $\mathrm{cost}(N_i) < \mathrm{cost}(S)$ 。

其中，S 表示源节点， N_i 表示源节点的无环备选路径。

（5）U-Turn Alternate 算法

在 U-Turn Alternate 方法[27]中，节点 S 选择一个相邻节点作为备选下一跳，这个相邻节点的首选下一跳节点是节点 S，而且它有无环备选下一跳节点。

如图 5-6 所示，节点 S 找不到一个到达节点 D 的 LFA，节点 N 的首选下一跳是节点 S，而且 N 的 LFA 是节点 R，因此如果 N 能够识别来自 S 的流量，那么就能够避免 N 和 S 之间的环路，N 就作为 S 的 U-Turn 备选节点，U-Turn 流量可以被显式标记或者隐式检测。

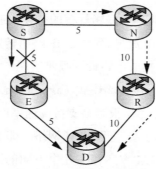

图 5-6　U-Turn 场景举例

当 N 辨认出来自 S 的 U-Turn 流量后，不再转发给 S 而是转发给它的 LFA 节点 R，这种机制让节点 S 能够将流量重定向到邻居的最短路径上，但是这种方法的主要缺点是需要标记 U-Turn 分组，增加了计算复杂度。

U-Turn Alternate 准则是：

- $\text{cost}(N_i) \geqslant \text{link}(N_i, S) + \text{cost}(S)$ ；
- 在所有从 N 经过 S 到 D 的最短路径中，S 都是 N 的首选下一跳；
- N 存在一个无环备选下一跳。

5.2　MPLS 网络流量工程

在 MPLS 出现之前，一个用于避免当前 IGP 的不足的流行方法是通过使用覆盖模式，基于 ATM 的 IP 和帧中继的 IP，使得任意的虚拟拓扑能够被搭建在网络的物理拓扑上，这种覆盖模式的一个突出特点是内部的基于虚拟环路的网络控制平面独立于客户端的覆盖 IP 网络的控制平面，实现完全解耦。流量管理和基于约束路由的辅助技术（例如 ATM 或帧中继）能够被有效地应用到流量工程中。覆盖技术扩展了设计空间，允许任意的虚拟拓扑被定义并叠加到物理网络拓扑之上；允许从互连的路由器的 PVC 统计数据中估计一个基本的流量矩阵；也能够通过改变一个 PVC 子集的指定中转列表，将流量从负载过重的链路移动到相对未充分利用的链路上。

该覆盖模式下的流量工程有很多缺点，而且有两个基本限制：一是复杂度比较高，原因在于需要管理和维护两个技术方面差别较大的网络；二是可扩展性不好，因为在覆盖方式下，虚拟电路以及路由器之间连接链路的数量随着网络中路由器数量的增加以指数形式增加。

5.2.1　MPLS 网络基本原理

MPLS 是一种基于定长标签进行数据分组转发的网络交换技术，缘起于互联网规模持续快速增长的 20 世纪 90 年代中期。互联网规模的持续快速增长，要求广域 IP 骨干网能够有效承载速率持续爆炸性增长的 IP 流量。受限于 IP 路由转发的最长前缀匹配（longest prefix match）路由表查询机制，当时的集成电路设计很难实现广域网流量传输的高速 IP 路由器，而旨在支持宽带集成数据业务的异步传输模式（asynchronous transfer mode，ATM）采用基于定长标签的固定长度信元交换转发，很容易支持高速率广域网数据业务流量交换及传输。因此，当时的高速广域 IP 骨干网主要基于 ATM 网络，即 IP over ATM。但是，ISP 网络大规模部署实践表明，在 IP over ATM 方案存在几个方面的限制：首先是可扩展性问题。在 IP over ATM 网络中，IP 路由节点之间的链路由 ATM 网络中的虚电路实现，这种网状链接使得虚电路和 IP 路由节点对等连接的数量正比于节点数量的平方，当网络规模较大（如有 100 及更多路由节点）时，相应的链接关系数目过于庞大而难以运行。其次是维护管理复杂。IP 和 ATM 网络是两个不同的独立网络，协议栈均完整复杂，维护管理两个并行的独立大规模网络十分复杂，还存在 ATM 链路承载高速 IP 流量的技术挑战，ATM 信元长度固定为 53 byte，而 IP 数据分组为变长的，典型长度为数百字节，基于虚电路的传输需要分片和重组，而当时的 ATM 交换机只能支持 OC-3（155 Mbit/s）链路的线速分片和重组，难以实现更高速率（如 OC-12 及以上）的线速分片和重组[28]。

由于 IP over ATM 在高速 IP 骨干网方面的上述技术限制，业界想到将 ATM 基于定长标签的交换与变长 IP 数据分组的转发相结合，即结合基于虚电路交换和数据报交换两种交换技术，期望同时具备前者简捷快速、后者灵活可靠的技术优点。网络设备公司提出了各自的技术方案，包括 Ipsilon 的 IP Switching、Toshiba 的 Cell Switching Router、Cisco 的 Tag Switching 以 IBM 的 Aggregate Route-based IP Switching（ARIS）。随后 IETF 成立了 MPLS 工作组，基于上述成果确定了 MPLS 技术方案，制定了 MPLS 网络的技术架构和相关协议标准。2000 年，MPLS 已开始在 ISP 网络中大规模广泛部署，目前已成为 ISP 骨干网的核心技术之一。

MPLS 提出的初衷，主要是为了结合以 ATM 为代表的虚电路交换和 IP 数据报路由两种技术的优势，简化高速路由器中基于硬件转发数据分组的过程，充分发挥硬件转发的速度优势，提高路由转发的性能。随后发现，MPLS 中的标签不仅可以与 IP 地址前缀联系起来，即实现 IP 路由交换，而且原理上还可以与电路通道（如传输网中的时隙通道）或波分复用网络中的特定光波长联系起来，动态管理和控制电路交换网络中时隙通道或波分复用网络中的波长通道的建立、维持和撤销。因此，MPLS 很快从 IP 分组网络扩展到电路交换和波分复用（WDM）网络，用于时隙通道、波长通道的管理和维护，称为通用多协议标签交换（generalized MPLS，GMPLS）[29-30]。此外，MPLS 标签设置的灵活性以及关联输出服务质量、标签堆栈和显式路由，使得 MPLS 网络能够同时结合区分服务（differentiated service，DiffServ）[6]等服务质量（quality of service，QoS）控制能力[31-32]，有效地实现虚拟专网（virtual private network，VPN）服务以及本书所关注的网络流量工程。

5.2.1.1　数据分组转发

　　MPLS 网络数据分组转发依赖于数据分组中的标签，典型过程如图 5-7 所示，简要解释如下：首先，MPLS 网络入口标签交换路由器（label switching router，LSR）收到 IP 数据分组，根据数据分组的输入网络接口、目的 IP 地址等条件在数据分组中添加（push）合适的标签，根据标签值查询其标签转发信息库（label forwarding information base，LFIB）确定输出网络接口，然后通过该网络接口转发数据分组；下游 LSR 收到该数据分组后，根据输入网络接口、标签值查询其 LFIB 确定输出网络接口、输出标签值，继而改变其标签值和通过对应输出接口转发数据分组；出口 LSR 同样根据输入网络接口、标签值查询 LFIB 确定输出网络接口，不同的是，转发数据分组时会移除其中的标签。

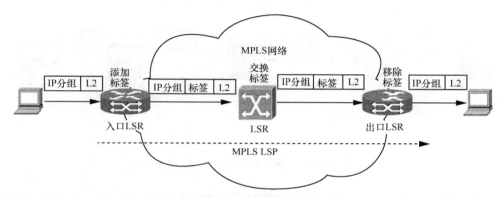

图 5-7　MPLS 网络数据分组转发过程

　　由上述介绍可知，除了相同的基于标签的数据分组转发功能，MPLS 网络边缘 LSR（label edge router，LER）与非边缘 LSR 的角色有所区别：LER 负责添加和移除数据分组中的标签，而非边缘 LSR 无此类操作。LER 与 LSR 的区别，表明 MPLS 存在域（domain）的概念，即基于同一层 MPLS 标签进行转发处理的 LSR 及其链接构成的集合。基于域的结构使得 MPLS 网络可以与非 MPLS 网络互联互通，而且基于标签堆栈（见后续介绍）可以方便地实现更为复杂的转发业务，如虚拟专网服务。

　　类似于 IP 网络数据分组转发基于 IP 路由节点中的转发表（forwarding information base，FIB），MPLS 网络中的数据分组转发基于 LSR 中的 LFIB。如图 5-7 所示，对于特定的数据分组集合，如从同一 LER 进入 MPLS 网络域且目的地址前缀相同的数据分组，会通过同一组 LSR 及其特定网络接口转发传输直至出口 LER，相应地，添加、交换、移除的标签值也完全相同。相应地，从入口 LER 到出口 LER 的单向传输路径被称为标签交换路径（label switching path，LSP）。LSP 并没有显式的表达形式，而是表现为从入口至出口 LSR 的 LFIB 中对应条目的逻辑串联，即相邻 LSR 之间，下游 LSR 对于上游 LSR 的输出标签及其含义（对应于转发等价类，见后续介绍）的一致性认定。

MPLS 首部在数据分组中的位置及结构[34]如图 5-8 所示，包括以太网和 PPP 的数据帧，ATM 信元的封装与此不同，只是将其中的 VPI 和 VCI 替换为 MPLS 首部。MPLS 首部位于链路层（L2）首部和 IP 分组之间，长度只有 20 byte，因此也被称为"薄片（shim）"。MPLS 首部的位置表明 MPLS 协议工作于第二层和第三层之间，因此也被称为 2.5 层协议。MPLS 首部的字段结构较为简单，其中 Label 字段为 LIB 查询索引；Exp 字段表明服务类别（class of service，CoS），用于支持区分服务；S 字段用于多标签堆栈时的栈底指示，S=1 表示栈底，其他情况下 S=0；TTL 字段每经过一个 LSR 减 1，值为 0 时将数据分组丢弃。

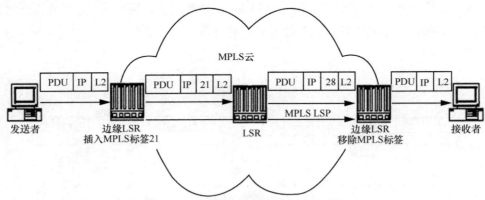

图 5-8 MPLS 首部在数据分组中的位置及结构

类似于其他虚电路交换技术，LSR 转发数据分组时，是将 MPLS 首部 Label 字段与数据分组输入接口标识共同作为索引，查询其 LFIB 以确定输出接口。因此，Label 字段的取值只是局部有效的，其受限于该 LSR 和特定输入端口。

与 MPLS 数据分组转发相关的一个重要概念是转发等价类（forwarding equivalence class，FEC）[12]。FEC 是指通过 MPLS 网络中同一路径传输并且在每个节点中接受相同输出服务的所有 IP 数据分组的集合，其中输出服务关乎传输服务质量，包括输出时的排队调度、丢弃优先级等。当数据分组进入一个 MPLS 网络时，入口 LER 将为其确定 FEC，依据的标准包括目的 IP 地址前缀、标定流的特征字段集合（源、目的地址及端口号）和输入端口等。FEC 本身只是一个概念名词，入口 LER 为其指定 LSP，分配、添加对应的 MPLS 标签。在随后的传输过程中，LSR 只需根据相应的标签，沿着对应的 LSP 进行转发，并在输出给予对应的服务。这种 FEC 确定机制具有两方面的技术优点：一是传输服务的灵活性，如上文所述，LER 确定 FEC 的依据包括目的网络、分组流和输入端口，而且还能进行扩展，如考虑数据分组中的其他字段和时间段等，从而可以方便地实现各种策略的路由控制，包括流量工程；二是可扩展性，FEC 的确定只需在边缘 LSR 节点进行，核心 LSR 无须重复分析，只需简单地实现 FEC 相应的转发传输服务，边缘和核心 LSR 功能分工的这一特点，使得 MPLS 能够适用于规模较小的企业网络乃至全球范围的 Internet。

5.2.1.2　标签发布

MPLS 网络中的数据分组沿着预先建立的 LSP 转发，从原理上而言，LSP 是 MPLS 意义上的虚电路。LSP 的建立和撤销需要 LSR 通过专门的信令协议交互过程进行。如上文所述，LSP 实际上表现为端到端路径上相邻 LSR 中 LFIB 中对应条目的逻辑关联，或者说 FEC 与标签之间的绑定，因此，控制 LSP 建立和撤销的信令协议称为标签发布协议。MPLS 网络的标签发布协议主要包括 LDP（label distribution protocol）[34]、BGP 扩展[35]、RSVP-TE[36] 和 CR-LDP[37]。RSVP-TE 和 CR-LDP 主要用于 MPLS 网络流量工程的信令交互，参见后续介绍，BGP 扩展主要用于 MPLS VPN，本书从略，本节只简要介绍 LDP [34]。

LDP 协议对等实体（peers，即采用 LDP 进行信令交互的 LSR）通常为邻接的 LSR，如通过局域网或者点对点链路相连，相互之间需要建立 LDP 意义上的会话。通过所建立的 LDP 会话，下游 LSR 向上游 LSR 通告每个 FEC 对应的标签值，使得两个邻接 LSR 就特定的 FEC 标签值的绑定达成共识。例如 "对于目的网络 x:y:z 使用标签 15"，其中 FEC 简单地对应于目的网络前缀 x:y:z。LDP 的标签发布有下游按需（downstream-on-demand）和下游自发（unsolicited downstream）两种模式：下游按需标签发布，是指上游 LSR 针对特定 FEC 发出请求，下游 LSR 为特定的 FEC 分配、绑定特定的标签值，并回复上游 LSR；而下游自发标签发布，是指无须上游 LSR 发起请求，下游 LSR 主动为特定 FEC 分配、绑定标签值，并通告上游 LSR。

5.2.1.3　路由控制

MPLS 网络中 LSP 的建立，或者说 FEC 至标签的映射，需要相应的路由信息，是由 LSR 中的路由控制模块提供的。LSR 路由控制、标签发布与分组转发过程如图 5-9 所示。

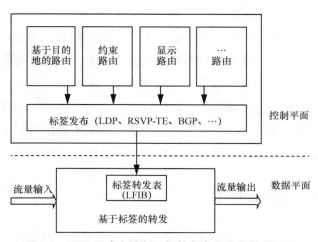

图 5-9　MPLS 路由控制、标签发布与分组转发过程

LSR 中的路由控制比较灵活，同时支持多种不同的路由机制：可以采用常规的基于目

的地的路由协议，如 OSPF、IS-IS、BGP 等，路由选择采用最短路径优先（shortest path first）；可以采用约束路由（constraint-based routing，CBR），即选择满足特定约束条件的路由，如可用带宽、时延或策略需求等；还可以采用显式路由（explicit route），即显式地指定一系列 LSR 包含在端到端路径中，通常由入口 LSR 根据管理策略（主要是流量工程）指定一连串 LSR 作为端到端路由经过的节点。除了上述基于目的地的路由、约束路由和显式路由，LSR 甚至可以集成将来的路由机制。这些路由控制功能，应用其特定的技术方法计算选路，通过操纵标签在转发路径、传输服务方面的语义及 FEC 至标签的映射来控制 MPLS 网络的路由。

MPLS 融合了数据报交换和虚电路交换两种交换机制的优点，具有如下技术特点。

（1）基于标签的数据分组转发

MPLS 网络数据报转发基于长度固定的标签，标签值映射了转发等价类（FEC），不仅对应于转发路径，而且还指定转发输出过程中的服务质量，如输出队列、丢失分组优先级等。MPLS 交换节点（LSR）根据定长标签确定输出端口和输出服务调度，查表处理过程简捷高效，容易通过硬件实现，从而以线速处理高速率的分组流转发。FEC 至标签的映射同时包含路由和服务质量两个方面的含义，使得控制平面所有控制功能模块均可统一通过控制这一映射操作，有效地控制分组流在网络中的路由和传输服务。

（2）标签堆栈

MPLS 允许多个标签的堆栈，标签操作实际上对应于一个层级的控制操作，堆栈的多个标签意味着 MPLS 网络能够对一个数据分组实施多个层级且相互独立的控制操作，包括最短路径路由、虚拟专网路由、服务区分和流量工程等。每一层标签的独立处理操作使得统一的 MPLS 网络架构能够同时集成多种不同层次的传输服务，包括尽力交付的网络传输、有服务区分的网络传输、虚拟专网服务以及相应的流量工程优化等。

（3）控制平面与数据平面分离

各类控制功能，包括路由控制，都是通过操纵 FEC 至标签的映射，从而控制数据平面的转发过程，标签的语义完全取决于控制模块。路由方面，标签取值既可以对应于一条最短路径，亦可表征一条显式路由；数据流颗粒度方面，标签既可以表征一个端到端的数据流，也可以标识一个粗颗粒度的聚合流。这种控制平面与数据平面的分离，不仅允许同一类控制功能可灵活地采用多种不同的方式，如上文中提到的路由控制，而且使得新控制机制的应用，不会对数据平面处理数据分组转发的底层硬件（或软件）造成影响。

5.2.2 MPLS 流量工程实施框架

5.2.2.1 MPLS 流量工程适用性

MPLS 的路由控制灵活且可扩展，尤其是支持显式路由和约束路由，使得网络管理方能够根据有效资源和流量分布等网络运行状态，控制分组流沿着非最短路径传输转发，因此 MPLS 的一个首要应用就是运营 IP 网络的流量工程[38-40]。MPLS 适用于运营 IP 网络流量工程的主要技术原因可概括为以下几点。

（1）原生支持显式路由

显式路由是指显式指定网络路由所经过的节点，选择这些节点时考虑的因素除了最短路径路由对应的路径长度以外，还包括流量特性、资源约束和策略限制等。对照流量工程的技术目标可知，显式路由的能力即意味着具备流量工程优化网络路由分布的能力。MPLS 在 IP 网络中集成 LSP 形式的虚电路交换能力，原生支持 IP 网络的显式路由。在 MPLS 网络中实施显式路由，通常由特定 LSR 的入口节点或出口节点，根据显式路由建立的 LSP 所经过的 LSR 序列或配置来决定下一跳的 LSR，相应的过程可以通过手动配置，也可触发信令协议过程自动建立。

（2）易于集成约束路由

约束路由是流量工程的一个基本能力要素，用于操纵单个分组流在网络中的路由。由前述分析可知，MPLS 控制平面与数据平面的分离，使得控制平面易于集成各种路由控制能力，包括约束路由。

分组流和网络资源属性均可定义，可精准、有效控制分组流至网络资源的映射。

MPLS 网络中的分组流可定义一系列属性，包括流量参数、路径选择偏好和优先级等。网络资源属性包括资源参数、资源类别和分配系数等。分组流的属性定量给出了传输流量的需求，网络资源属性明确定义了资源约束条件。系统需求和约束条件为进一步精准控制输入流量负载至网络有效资源的映射以及监管调节传输流量的随机动态行为特性奠定基础。

（3）分组流映射至 LSP 的灵活性

在 MPLS 网络中，入口 LER 确定输入数据分组的 FEC，将其映射至相应的 LSP。映射的标准既可以是目的地网络，也可以是应用进程之间的分组流，还可以是源地址和输入端口等。这种灵活的映射机制，使得网络能够方便地控制输入流量如何映射至网络资源，包括传输路由和服务质量，进而优化流量负载在网络资源中的分布。

IP 网络下的流量工程的一个特点是主干流（traffic trunk），主干流指属于同一个类的流量的聚合[5]。如何将主干流映射到给定网络拓扑是流量工程的核心问题。在 MPLS 网络中，通过为显式 LSP 选择路由器将主干流部署在网络拓扑中。

5.2.2.2　MPLS 流量工程功能要素

MPLS 网络流量工程的核心问题是如何在满足输入流量需求和网络资源约束的条件下，高效地将流量负载映射到 LSP 上，同时优化网络资源的使用和网络对于输入流量的传输服务。围绕这一核心问题，MPLS 流量工程模型的控制平面包括路径管理、流量分派、网络状态信息传播和网络管理 4 个基本功能要素[39]。

（1）路径管理

路径管理是 MPLS 流量工程最重要的功能要素，核心功能是显式路由、LSP 的建立及维护。路径管理包括路径选择、路径设置和维护 3 个主要功能：路径选择功能确定显式路由，显式路由是从入口至出口的多个节点的有序集合，显式路由中的节点既可以是物理节点，也可以为抽象节点，即子网里等效的逻辑节点，其内部拓扑对外不透明。显式路由可以由支持约束路由的 LSR 自动计算得到，或者通过管理设置。约束路由是指计算给定需求的流量在满足网络资源和策略约束条件下的传输路径。流量需求、网络资源和策略约束条件均需预先给出。给定路径选择的显式路由结果，路径设置功能建立对应的 LSP，相应的过程需要沿途节点之间的信令交互。路径维护功能用于维护和终止已建立的 LSP。

（2）流量分派

流量分派是指在已建立的 LSP 上分配流量。从功能上而言，流量分派包括流量划分和流量指派：流量划分是根据预定的划分原则确定入口流量通过多个 LSP 传输的份额；流量指派则将已划分好的流量指派给已建立的 LSP 传输。流量分派的一个主要应用场景是同一对节点之间多条 LSP 之间的负载均衡。MPLS 流量分派非常灵活，可以基于一系列属性和过滤规则，如权重、服务类别等，将相应的流量映射到对应的 LSP 上。

（3）网络状态信息传播

完备的网络状态数据是约束路由计算的基础，因此网络状态信息发布与传播是路径选择的先决条件。流量工程所需要的网络状态信息不仅包括常规的网络拓扑数据（即节点之间的链接关系），而且包括完整的网络资源信息，如链路带宽、带宽分配因子、分服务类别保留带宽、资源属性和流量工程缺省参量等。常规的路由协议只能发布网络拓扑信息，因此需要加以扩展，在其链路状态通告中传播关于网络状态的附加信息[41-42]。

（4）网络管理

网络管理主要包括配置管理、性能管理、计费管理和故障管理，这些网络管理功能允许获取被管理 MPLS 对象（如 LSP）的状态，并且控制其特性，从而管理和控制网络性能，例如：监控 LSP 流量统计可用于获取点对点流量特性；可以通过 LSP 两端的入口和出口流量的差异来估计路径丢失分组特性；可以通过发送通过特定 LSP 的探测报文并测量传输时间来估算路径时延特性；当被管理 MPLS 对象参量超过设定阈值时，可以发出事件通知。批量获取 LSP 流量统计结果以用于时间序列分析和容量规划。网络管理能力表明，观察和控制 MPLS 网络可以被观察和控制的程度，在很大程度上决定了 MPLS 网络流量工程能否成功，是 MPLS 流量工程的一个重要方面。另外，大型网络流量工程问题由于规模较大，很难实时处理，因此需要离线流量工程支撑工具来协助和增强在线处理能力。而离线流量工程工具需要对接 MPLS 网络管理系统，以提供外部反馈控制。

5.2.2.3　资源和流量属性

在大型网络中，实现 MPLS 流量工程的条件包括[5]：

- 与主干流相关联的一组属性，共同表征其行为特征；
- 与资源相关联的一组属性，约束主干流对于相应网络资源的使用；
- 约束路由框架，用于服从主干流属性和资源属性约束条件下的主干流路径选择。

LSP 和网络资源可以与一组属性相关联，以指导路径管理功能，同时控制约束路由。一个重要要求是：改变活跃 LSP 的属性使某些变迁（如显式路由的变化）能够正常发生，而不会对网络操作产生不利影响。

与主干流和资源相关联的属性以及与路由相关的参数，共同表示可以通过管理操作或自动计算操作将网络调整到希望状态的控制变量。

主干流的基本属性简介如下[5]：

- 属于同一类别的流量聚合；
- 对于单一类别服务模式，主干流对应于特定入口 LSR 和出口 LSR 之间的所有流量或者其子集；
- 可路由的对象；
- 区别于承载其流量的 LSP；
- 单向。

实践中可通过入口及出口 LSR、映射的 FEC 以及决定其行为特征的一组参数描述一个主干流，主干流的属性可以通过管理操作或者底层协议来指定。对于流量工程尤为重要的主干流属性列举如下。

（1）流量参数属性

流量参数属性（traffic parameters attribute）包括峰值速率、平均速率和允许突发量，给出了主干流传输的资源需求。

（2）通用路径选择和维护属性

通用路径选择和维护属性（generic path selection and maintenance attribute）定义了为主干流选择路由及维护已建立路径的规则，这些属性包括通过管理方式设立的显式路径、多路径偏好的层级、资源类别亲和性（对于选择 LSP 通道的路径时指定包含或排除特定类别的资源特别有用）、自适应性、弹性（给出 LSP 通道的生存性需求）以及多个主干流之间的负载分布。

（3）优先级属性

优先级属性（priority attribute）对应于主干流的相对重要性。

（4）可抢占属性

可抢占属性（preemption attribute）决定能否抢占另外一个主干流以及能否被另外一个

主干流抢占。

（5）监管属性

监管属性（policing attribute）决定一个主干流超出约定时可采取的管制操作，如限制速率、标记或不做任何限制。

（6）资源属性

资源属性（resource attribute）属于网络拓扑状态参数的一部分，用于约束主干流使用相应的资源[5]。

（7）最大分配因子

最大分配因子（maximum allocation multiplier，MAM）可管理配置，决定了相应资源可有效用于主干流的比例，如链路带宽和缓存空间。

（8）资源类别属性

资源类别属性（resource class attribute）是通过管理指定资源的类别。从流量工程的角度来看，资源类别属性可用于实现许多面向流量和面向资源的性能优化策略。

LSP 属性包括流量参数（traffic parameter）、自适应性（adaptivity）、优先级（priority）、可抢占性（preemption）、弹性（resilience）、资源类关联属性及其他策略选项（如监管属性[2]）。流量参数给出 LSP 的带宽特征，包括峰值速率、平均速率、突发量或者其他可简单地指定有效带宽的参数。自适应性表示 LSP 对网络状态动态变化的敏感性，在有更好路由可用时，自适应 LSP 可以自动地重新路由，非自适应 LSP 只能固定在已建立的路由上，除非发生故障。根据路径选择和路径布置顺序排列，优先级属性给出了多个 LS 的顺序。目前已有 8 个设置优先级定义[3]。可抢占性决定新的 LSP 能否获取分配给现有 LSP 的资源，可通过设置和预留优先级的组合实现可抢占性。在多类别服务网络条件下，基于可抢占性属性可以实现各种优先级恢复方案。弹性属性定义 LSP 对于影响其路由损伤的响应。基本的弹性属性指定在已建立路径发生故障之后，是否自动进行重路由（rerouting）。扩展的弹性属性能够与更为复杂的恢复策略协同，包括实例化多个并行 LSP 以及在故障条件下选择偏好的规则。资源类的亲和性对 LSP 选择资源集合的资格施加额外的策略限制。LSP 与资源类之间的关联关系决定了这一类资源是否应包含在该 LSP 路径中，或从该 LSP 路径中排除。资源属性定义网络资源的额外属性，以进一步限制占用这些资源的 LSP 路由。资源属性包括最大分配因子（MAM）以及资源类别属性。MAM 概念类似于帧中继和 ATM 网络中的订阅和超额订阅因子，这一缺省流量工程量度可用于为独立于 IGP 指标的 LSP 建立路由优化标准。资源类别属性用于将网络资源（主要是链路）分为不同的类别。基于资源类别，可以将关于 LSP 路径选择的统一策略（如包含和排除）应用于每个资源类，链路可以属于多个资源类别，资源类别属性是链路状态参数的一部分。资源类别属性可用于在网络的特定拓扑区域内，承载相应流量。

5.2.2.4 路由和信令协议

从原理上而言，网络路由包括两个方面，即路由协议和路由算法。路由节点通过路由协议分发和获取网络状态信息，包括网络拓扑和可用资源，继而基于网络状态信息计算转发路径。

MPLS 流量工程的主要目标之一是引入各种能力要素，以便在 IP 网络中以有效的方式实现约束路由。MPLS 流量工程提出了与主干流相关联的多种属性，以明确其行为特征和性能要求以及与网络资源相关联的各种属性，以指定各种资源属性、约束条件和调节主干流的路由。

随着 MPLS 流量工程的出现，常规 IP 路由协议（如 IS-IS 和 OSPF）已被扩展，已发布与链路相关的资源和约束信息[41-42]，这些都是对于传统 IP 路由协议的增强，包括将流量工程度量指标、资源类别属性指派到网络链路以及最大可预留链路带宽的通告。

即使网络拓扑没有变化（因而没有 IGP 链路状态信息洪泛），可预留带宽或链路颜色仍然会发生变化，从而会触发扩展 IGP 洪泛相关信息，这意味着扩展 IGP 将比常规 IGP 更加频繁地洪泛信息。因此，必须在精确信息的需求和避免过度洪泛之间做出折中。只在可预留带宽发生显著变化时，才进行洪泛。同时，应该为定时器设置一个信息通告频率的上限[40]。

通过 MPLS 的流量工程能力，可以通过在起始 LSR 上配置其特征参数（终止端点、期望的性能和行为属性）来建立 LSP 通道。随后起始 LSR 将采用适当的约束路由算法来计算同时满足 LSP 通道需求、各种网络资源约束条件的网络路径。一旦路径计算成功，起始 LSR 将使用适当的信令协议（如 RSVP-TE）来建立 LSP 通道。

IP 信令协议（RSVP 和 LDP）的扩展与路由扩展同样重要，RSVP 的流量工程扩展被称为 RSVP-TE[140]，在 RSVP 的基础上添加了几种新的协议消息以支持各种行为属性的显式 LSP 的建立和撤销。此外，尽管 RSVP 规范旨在由主机使用以请求和预留用于精细颗粒度流量传输的网络资源，但是 RSVP-TE 允许网络设备（如 LSR）使用，以建立参数化的显式 LSP 并为其分配网络资源。RSVP-TE 引入的一些新消息包括 Label-Request、Record-Route、Label、Explicit-Route 和新的 Session 对象，同时还添加了新的 RSVP 错误消息来提供异常情况的通知。虽然 MPLS 流量工程可以采用 CR-LDP 和 RSVP-TE 两种信令协议，但经过多次实验评估，IETF 建议 MPLS 网络流量工程采用 RSVP-TE 而不是 CR-LDP。因此，RSVP-TE 规范已经成为运营网络中使用的主要协议，并由大多数网络设备制造商实施。

5.2.3 MPLS 流量工程优化模型

一般而言，建立 LSP 通道（在 MPLS 术语中，LSP 通道通常是指主干流量和它所通过的显式 LSP）是与 MPLS 流量工程能力相关的最重要的操作方面之一，可以通过在始发 LSP 上配置其特性（在端点加上所需的性能和行为属性）来建立 LSP 通道。起始 LSR 将采用合适的约束路由算法来计算满足网络内部各种约束条件同时满足 LSP 通道需求的网络路径。一旦成功计算路径，起始 LSR 将使用合适的信令协议（如 RSVP-TE）来建立 LSP 通道。

MPLS 流量工程问题的建模分析主要关乎流量工程处理模型的第三、第四阶段[7]。运营 MPLS 网络的性能优化涉及许多问题，主要包括全局最佳 LSP 布放、约束路由、流量划分及分配以及恢复，其他有意义的重要问题还包括流量聚合及解聚合、LSP 合并、多播、容量规划和接入控制等。

MPLS 导出图（induced graph）类似于覆盖模型中的虚拟拓扑，MPLS 网络域中带宽管理的基本问题是如何有效地将 MPLS 导出图映射到物理网络拓扑上，MPLS 导出图及物理网络的数学表达形式如下[43]。

令图 $G = (v, \varepsilon, c)$ 表示一个网络的物理拓扑，其中 v 为网络中全体节点的集合；ε 为网络中全体链路的集合；c 为网络中全体链路容量及其他约束条件的集合。

设 $H = (u, F, D)$ 为 MPLS 导出图，其中 u 为全体 LSR 的集合；F 为全体 LSP 的集合；D 为 LSP 需求的集合。

与网络拓扑和状态有关的一些参量如下[43]：u_l 为链路 l 的起始 LSR；v_l 为链路 l 的末端 LSR；u_l 为链路 l 的有效带宽；a_l 为链路 l 的管理开销；K_l 为链路 l 的最大带宽分配因子。

与 LSP 相关的参量如下[43]：λ_i 为 LSP$_i$ 的有效带宽；s_i 为 LSP$_i$ 的入口 LSR；d_i 为 LSP$_i$ 的出口 LSR；h_i 为 LSP$_i$ 所允许的最大 LSR 跳数。

MPLS 网络流量工程的 4 个基本问题为 LSP 全局布放、约束路由、负载均衡和流量分配、重路由[43]。

（1）LSP 全局布放

LSP 全局布放（LSP layout）问题是指对于给定全体 LSP 需求，在遵循网络资源约束的条件下，求解全体 LSP 的最佳路由布局。LSP 全局布放问题的优化求解与目标函数（对应于解的优劣判断标准）息息相关。考虑到问题的复杂程度，目标函数通常基于网络资源度量，常见的例子包括网络中所有链路的管理开销总和的最小化以及最大链路负载因子的最小化等。

（2）约束路由

约束路由（constraint-based routing）问题是指在遵循网络资源约束的条件下，求解满足给定 LSP 需求的网络最佳路由。可以简单地将最小化该 LSP 端到端管理开销作为衡量约束路由解优劣程度的目标函数，亦可构建类似于 LSP 全局布放类似的目标函数。

（3）负载均衡和流量分配

负载均衡（load balancing）问题是指求解给定的入口和出口 LER 之间的多条并行 LSP，以传输给定需求的流量，同时均衡网络中的流量负载分布。流量分配（traffic partitioning）则是指在实时运行过程中，如何在已建立的多条并行 LSP 上合理地分配流量负载。

（4）重路由

重路由（rerouting）问题是指在链路或节点故障时重新计算受到影响的 LSP 路由，以及故障链路或节点从故障中恢复时，重新优化或恢复相关的 LSP 路由。

　　不幸的是，即使通过一些假设简化，求解大多数流量工程问题的最优解也具有不想要的计算复杂度，因为这些问题已被证明是 NP 完全问题（即最佳解不能被任何已知的多项式时间算法找到，因而计算复杂度随着问题规模而大大增加），此外，其中许多问题必须每天实时求解。因此，问题的关键是设计启发式和近似算法，能够以合理、可接受的计算量给出接近最优的解。服务提供商需要在实时计算环境中执行快速、稳健、相当准确的解决方案，这也是网络技术领域 MPLS 流量工程中相关研究的动力。

5.2.4　MPLS 网络 QoS 路由算法

　　为了支持 QoS，IETF 提出了多种服务模型和机制，比如 Intserv（integrated service）、RSVP（resource reservation protocol）和 Diffserv（differentiated service）。MPLS 能够提供快速分组转发和流量工程。由于现有的 IP 不支持 QoS 路由，因此 MPLS 被设计为覆盖在现有路由技术的上层。MPLS 可以跨层执行，因此可以在提供有效数据转发的同时为不同 QoS 需求的流量预留带宽[44]。

　　MPLS 网络 QoS 路由可以用于离线和在线模型，算法分类具体见表 5-4：在在线 QoS 路由中，请求信息无法提前得知，目标是降低未来请求的阻断概率，入口节点使用 QoS 路由算法计算路径，用 RSVP 或者 CR-LDP 建立 LSP；在离线 QoS 路由中，建立 LSP 所需要的信息都是提前知道的，目标是优化网络资源，路由服务器计算路径并且将该路径发送给入口节点然后建立路径，QoS 路由算法需要的信息可以通过扩展现有的协议进行分发。

表 5-4　MPLS 网络 QoS 路由算法分类

分类	算法
离线 QoS 路由	MHA[46]
	WSP 算法
	SWP 算法
在线 QoS 路由	MIRA[46]
	BCRA[47]
	BGLC 算法[45]

　　QoS 路由问题可以分为 4 个基本类别：链路约束、链路优化、路径约束和路径优化。链路优化和链路约束路由面向带宽和缓存空间这样的 QoS 度量指标，路径优化和路径约束路由面向加性或者乘性度量，比如时延和时延抖动[45]。

（1）MHA

MHA（minimum hop routing algorithm）[46]是一种常见的简单算法，选择出入节点之间最少的链路作为路径。MHA 监测每条链路的可用带宽，只有拥有足够带宽的链路才能成为候选链路。

（2）WSP 算法

WSP（widest shortest path）算法在所有路径中选择最短的路径，如果存在多条最短路径，就选择带宽最大的那条。

（3）SWP 算法

SWP（shortest widest path）算法选择带宽最大的路径，如果有多条带宽相同的路径，就选择跳数最少的那条。

以上 3 种简单算法都是离线 QoS 路由算法，会导致未来 LSP 建立时的瓶颈，为了解决这个问题，提出了以下在线路由算法。

（1）MIRA

MIRA（minimum interference routing algorithm）[46]的目标是降低未来请求的阻断概率，基本思想是新的 LSP 不能对关键路径产生干扰。如果链路 CL 在某条 LSP 上，至少一个出入节点对之间的最大流值降低，那么 CL 就是关键链路。在路径选择时，MIRA 尽可能避免关键链路。MIRA 将对出入节点对（s,d）的干扰表示为（s,d）之间最大流减小的值。MIRA 可以降低对链路的干扰，但是没有考虑链路当前的负载情况和全网的负载均衡。

（2）BCRA

BCRA（bandwidth constrained routing algorithm）[47]是综合考虑负载均衡、路径长度和路径开销的折中方案，该算法定义一条负载超过固定门限值的链路为关键链路，该门限值为全网的链路平均负载。关键路径就是包含关键链路的路径，一条路径包含的关键链路越多，该路径就越关键。为了分配负载并且避免关键链路，BCRA 计算出每条链路的权值，选择总权值最小的路径。

（3）BGLC 算法

BGLC（bandwidth guarantee with low complexity）算法[45]可以用于解决链路约束和路径约束两种路由问题：对于链路约束的路由问题，BGLC 算法只选择拥有足够带宽的链路建立 LSP；对于路径约束问题，BGLC 算法选择总权值最小的路径。

5.2.5 MPLS 网络负载均衡算法

负载均衡是提高网络性能和可扩展性的一个关键技术，在 MPLS 域中，骨干网的入网点之间一般都会有多条 LSP 来保证更好的可达性。多条 LSP 可以提供冗余资源，也能够应对增长的流量，冗余的路径可以分担流量负载和减少拥塞。得益于标签交换，不同的流量可以用不同的标签标记，也就可以在转发时区分处理。合理的负载均衡可以降低高负荷链路的使用率，从而减少瓶颈链路[48]。MPLS 负载均衡算法可以分为预防式算法和反应式算法，见表 5-5：预防式算法通过对未来流量的估计尽可能预防拥塞发生；反应式算法在检测到拥塞之后采取相应措施减轻拥塞程度。

表 5-5　MPLS 负载均衡路由算法分类

分类	算法
预防式算法	PPBS 算法[49]
	FBLB 算法[49]
反应式算法	DEPR 算法[50]
	FATE 算法[51]

（1）PPBS

PPBS（parallel-path-based balance scheme）[49]首先计算出网络中源节点到目的节点之间不相交的 LSP，然后在保证带宽的情况下将流量分配到合适的 LSP 上。如果网络的信息足够准确，该算法能够尽可能地将流量分配到低负载链路上，从而达到负载均衡的目的。

（2）FBLB 算法

FBLB（feedback-based load-balancing）算法[49]是一种基于反馈的负载均衡算法，它让入口节点掌握路径上的所有带宽信息，以便更好地进行负载均衡，而且 FBLB 算法易于应用，只需要对现有的信令协议做简单的修改和扩展。FBLB 算法基于探测分组的反馈来获取带宽信息，该探测过程可以通过对现有的信令协议进行简单扩展来实现，比如 RSVP 和 LDP。

（3）DEPR 算法

DEPR（distributed explicit partial rerouting）算法[50]用于网络发生拥塞以后的流量重路由。在 MPLS 网络中，流量的重路由一般都需要很长时间，因此该算法进行分布式的重路由，每个节点都监测自身周围链路的拥塞情况。一旦发现链路拥塞，该算法就会使用一种基于门限的比较方法选取合适的备选链路，拥塞链路上的流量就被重路由到新的备选链路上。

（4）FATE 算法

在 FATE（fast acting traffic engineering）算法[51]中，入口 LER（label edge router）和核心 LSR（label switched router）在收到重要分组丢失的信息之后，采取相应的补救措施，将拥塞路径的流量路由到下游或者上游未充分利用的 LSR 上。

5.2.6　MPLS 网络故障恢复算法

网络发生故障之后，很多传统的 IP 路由算法能够通过更新路由表进行分组的重路由，但是对于某些特定服务，比如虚拟专线服务以及高优先级的语音和视频服务，IP 重路由收敛速度太慢。MPLS 将路由和分组转发分开，能够支持快速的故障恢复。

MPLS 中的故障恢复模型可以分为重路由和保护交换，见表 5-6。重路由只有在故障发生后才能建立恢复路径，该路径一般是根据故障信息和拓扑等建立的，流量暂时路由到恢复路径上。重路由能够利用实时的信息，在建立恢复路径时能够有效利用资源。缺点在于在故障发生之后才计算和建立路径需要额外的时间。

表 5-6　MPLS 故障恢复路由算法分类

分类	算法
重路由	OFCBTR 算法[53]
	AERM 算法[54]
保护交换	Fast Reroute 算法[55]
	AHATSR 算法[56]
	RBPC 算法[57]
	UNIFR 算法[58]

保护交换在故障发生之前就计算和建立恢复路径，恢复路径和工作路径一般不相交。当故障发生时，工作路径上的流量被切换到恢复路径上，只需要将标签更改为恢复 LSP 的标签。保护交换能够快速恢复，但是需要额外的资源来建立恢复路径[52]。

重路由模型可以进一步分为两种类型：按需建立和提前计算。按需建立只有在检测到故障之后才计算并建立路径；提前计算会提前计算路径但是直到故障发生时才建立，这种方案可以更好地利用资源，而且由于提前计算好了路径，可以加快故障的恢复。

（1）OFCBTR 算法

OFCBTR 算法[53]是一种提前计算方案，采用整数线性规划技术，使用离线路径计算，将重路由作为恢复方法。该方案可以应对所有单链路故障。

（2）AERM 算法

AERM 算法[54]提前计算路径，但有一个很明显的缺陷，因为网络流量是随着时间变化的，提前计算好的路径很可能不是最优选择，因此提出了频繁更新计算备份路径的想法。使用改进版的 IGP 更新 LSR 中的网络信息，比如 OSPF-TE。当 LSR 收到网络拓扑的更新信息时，更新恢复路径，这样就能一直保证最优的路径选择。

（3）Fast Reroute 算法

Fast Reroute（快速重路由）[55]是一种保护交换方案，提前建立备份路径。该方案可快速恢复故障，但是 FIS（fault indicator signal）需要从故障节点传播到源节点，这就造成了时延，在提出链路保护之后，该时延在很大程度上被降低。链路保护的基本思路是对每条物理链路都进行保护，这样 FIS 只需要向上传播一跳就能够完成重路由。但是链路保护需要很大的带宽开销，每条恢复路径都要保留一定的带宽，造成浪费。

（4）AHATSR 算法

快速重路由的备份路径必须与工作路径不相交，否则可能导致流量无法传输。Bartos 等[56]提出一种新的方案——AHATSR 算法，建立两条保护路径，与工作路径相交，这两条保护路径能够保护以同一个节点为终点的所有工作路径。但是该方案只针对单链路故障，也没有考虑 QoS 流量的恢复。

（5）RBPC 算法

RBPC 算法[57]选择两条现有的 LSP 进行串联，构成保护路径。每个分组都指定两个标签，首先通过第一个标签将分组转发到第一个 LSP，到达该 LSP 终点时就将第一个标签移除，最后通过第二个标签将分组转发到第二个 LSP。RBPC 也没有考虑 QoS 问题。

（6）UNIFR 算法

UNIFR 算法[58]直接在故障节点与目的节点之间建立保护路径，故障信息不需要传播到源节点，这就需要工作路径中的每一个节点都提前建立自身到目的节点的保护路径。

参考文献

[1] FORTZ B, REXFORD J, THORUP M. Traffic engineering with traditional IP routing protocols[J]. IEEE Communications Magazine, 2002(40): 118-124.

[2] CHEN S, NAHRSTEDT K. An overview of quality-of-service routing for the next generation high-speed networks: problems and solutions[J]. IEEE Network, 1998, 12(6): 64-79.

[3] GUERIN R, ORDA A. QoS-based routing in networks with inaccurate information: theory and algorithms[Z]. 1997.

[4] AWERBUCH B, AZAR Y, PLOTKIN S. Throughput-competitive on-line routing[Z]. 1993.

[5] WANG Z, CROWCROFT J. QoS routing for supporting resource reservation[Z]. 1996.

[6] CIDON I, ROM R, SHAVITT Y. Multi-path routing combined with resource reservation[Z]. 1997.

[7] COMMITTEE A F T. Private network-network interface specification version 1.0 (PNNI1.0)[R]. 1996.

[8] TAKAHASHI H, MATSUYAMA A. An approximate solution for the Steiner problem in graphs[J]. Math Japonica, 1980, 24(6): 573-577.

[9] SUN Q, LANGENDORFET H. A new distributed routing algorithm with end-to-end delay guarantee[Z]. 1997.

[10] KOMPELLA V P, PASQUALE J C, POLYZOS G C. Two distributed algorithms for multicasting multimedia information[Z]. 1993.

[11] MA Q, STEENKISTF P. Quality-of-service routing for traffic with performance guarantees[Z]. 1997.

[12] CHEN S, NAHRSTEDT K. On finding multi-constrained paths[Z]. 1998.

[13] SALAMA H F, REEVES D S, VINIOTIS Y. A distributed algorithm for delay-constrained unicast routing[Z]. 1997.

[14] SHIN K G, CHOU C C. A distributed route-selection scheme for establishing real-time channels[Z]. 1995.

[15] CHEN S, NAHRSTEDF K. Distributed quality-of-service routing in high-speed networks based on selective probing[Z]. 1998.

[16] KOMPELLA V P, PASQUALE J C, POLYZOS G C. Multicast routing for multimedia communication[J]. IEEE/ACM Transactions on Networking, 1993, 1(3): 286-292.

[17] MOY J. Multicast extensions to OSPF[Z]. 1994.

[18] KOU L, MARKOWSKY G, BERMAN L. A fast algorithm for Steiner trees[J]. Acta Informatica, 1981, 15(2): 141-145.

[19] WIDYONO R. The design and evaluation of routing algorithms for real-time channels[J]. International Computer Science Institute Berkeley, 1994.

[20] ZHU Q, PARSA M, GARCIA-LUNA-ACEVES J. A source-based algorithm for delay- constrained minimum-cost multicasting[Z]. 1995.

[21] ROUSKAS G N, BALDINE I. Multicast routing with end-to-end delay and delay variation constraints[Z]. 1996.

[22] SINGH R K, CHAUDHARI N S, SAXENA K. Load balancing in IP/MPLS networks: a survey[Z]. 2012.

[23] HUA Y Q, LIU A B, LU Y M, et al. Load balance in hierarchical routing network[J]. The Journal of China Universities of Posts and Telecommunications, 2009, 16(6): 72-77.

[24] LEE S, YU Y, NELAKUDITI S, et al. Proactive vs reactive approaches to failure resilient routing[Z]. 2004.

[25] KVALBEIN A, HANSEN A F, GJESSING S, et al. Fast IP network recovery using multiple routing configurations[Z]. 2006.

[26] SCHOLLMEIER G, CHARZINSKI J, KIRSTADTER A, et al. Improving the resilience in IP networks[Z]. 2003.

[27] GJOKA M, RAM V, YANG X. Evaluation of IP fast reroute proposals[Z]. 2007.

[28] ARMITAGE G. MPLS: the magic behind the myths[J]. IEEE Communications Magazine, 2000, 38(1): 124-131.

[29] MANNIE E. Generalized multi-protocol label switching architecture: RFC3945[S]. 2004.

[30] AWDUCHE D, REKHTER Y. Multiprotocol lambda switching: combining MPLS traffic engineering control with optical cross-connects[J]. IEEE Communications Magazine, 2001, 39(3): 111-116.

[31] FAUCHEUR F L, WU L, DAVIE B, et al. Multi-protocol label switching support of dierentiated services: RFC3270[S]. 2002.

[32] FAUCHEUR F L. Protocol extensions for support of diserv-aware MPLS traffic engineering: RFC4124[S]. 2005.

[33] TAPPAN D, REKHTER Y, CONTA A, et al. MPLS label stack encoding: RFC3032[S]. 2001.

[34] THOMAS B, ANDERSSON L, MINEI I. LDP specification: RFC5036[S]. 2007.

[35] ROSEN E C, REKHTER Y. Carrying label information in BGP-4: RFC3107[S]. 2001.

[36] AWDUCHE D O, BERGER L, GAN D H, et al. RSVP-TE: extensions to RSVP for LSP tunnels: RFC3252[S]. 2001.

[37] GIRISH D M K, FREDETTE D A N, HEINANEN D J, et al. Constraint-based LSP setup using LDP:

RFC3212[S]. 2002.

[38] AWDUCHE D, CHIU A, ELWALID A, et al. Overview and principles of internet traffic engineering: RFC3272[S]. 2002.

[39] AWDUCHE D. MPLS and traffic engineering in IP networks[J]. IEEE Communications Magazine, 1999, 37(12): 42-47.

[40] XIAO X, HANNAN A, BAILEY B, et al. Traffic engineering with MPLS in the internet[J]. IEEE Network, 2000, 14(2): 28-33.

[41] MANRAL V, DAVEY A, LINDEM A. Traffic engineering extensions to OSPF version 3: RFC5329[S]. 2008.

[42] LI T, SMIT H. IS-IS extensions for traffic engineering: RFC5305[S]. 2008.

[43] GIRISH M, ZHOU B, HU J Q. Formulation of the traffic engineering problems in MPLS based IP networks[Z]. 2000.

[44] XU Y X, ZHANG G D. Models and algorithms of QoS-based routing with MPLS traffic engineering[Z]. 2002.

[45] ALIDADI A, MAHDAVI M, HASHMI M. A new low-complexity QoS routing algorithm for MPLS traffic engineering[Z]. 2009.

[46] KODIALAM M, LAKSHMAN T. Minimum interference routing with applications to MPLS traffic engineering[Z]. 2000.

[47] KOTTI A, HAMZA R, BOULEIMEN K. Bandwidth constrained routing algorithm for MPLS traffic engineering[Z]. 2007.

[48] GAO D, SHU Y, LIU S, et al. Delay-based adaptive load balancing in MPLS networks[Z]. 2002.

[49] TANG J, SIEW C, FENG G. Parallel LSPs for constraint-based routing and load balancing in MPLS networks[J]. IEEE Proceedings-Communications, 2005, 152(1): 6-12.

[50] MOHAMED S I, ELSAYED K M. Distributed explicit partial rerouting (DEPR) scheme for load balancing in MPLS networks[Z]. 2006.

[51] SALVADORI E, BATTITI R. A load balancing scheme for congestion control in MPLS networks[Z]. 2013.

[52] FOO J. A survey of service restoration techniques in MPLS networks[Z]. 2003.

[53] OTEL F D. On fast computing BYPASS tunnel routes in MPLS-based local restoration[Z]. 2002.

[54] YOON S, LEE H, CHOI D, et al. An efficient recovery mechanism for MPLS-based protection LSP[Z]. 2001.

[55] HASKIN D, KRISHNAN R. A method for setting an alternative label switched paths to handle fast reroute[Z]. 2000.

[56] BARTOS R, RAMAN M. A heuristic approach to service restoration in MPLS networks[Z]. 2001.

[57] BREMLER-BARR A, AFEK Y, KAPLAN H, et al. Restoration by path concatenation: fast recovery of MPLS paths[Z]. 2001.

[58] RUAN L, LIU Z. Upstream node initiated fast restoration in MPLS networks[Z]. 2005.

第6章

骨干网路由的规划与流量调度案例

6.1　IP/MPLS 混合网络路由规划案例

本节利用采集自中国某电信运营商的 IP 骨干网的流量矩阵数据，通过多个实验，主要从多径路由和链路带宽扩容两个角度来优化网络，并使用统一的评价标准，分别分析各种实验方法的效果。图 6-1 展示了网络拓扑结构，该网络一共有 15 个网络节点。

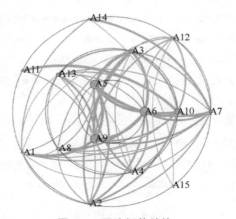

图 6-1　网络拓扑结构

流量矩阵的流量数据采集时长共约 350 天，在每个测量日的流量峰值时间段（19:00—21:00），每隔 5 分钟对各骨干网络节点采样并记录。然后取 350 天网络流量数据的均值，并汇总成 15×15 的 OD 流量矩阵，作为实验中节点的互通流量数据。

链路带宽矩阵是根据实际骨干网络中节点之间的平均带宽得到的，非直连节点之间的带宽为零。链路开销权重矩阵是根据节点之间流量数据传输的平均代价（综合考虑了距离、带宽和光纤造价等因素）得到的，非直连节点之间的开销权重为正无穷大。

- 网络最大链路负载：是网络中最大的链路利用率，最大链路负载可以说明路由算法对网络负载均衡的改善程度，值越小，说明网络越均衡，这样可以有效地避免网络出现拥塞，在峰值流量时段，网络不会因为负载过大而停止服务。
- 平均链路负载：是网络的平均链路利用率，平均链路负载可以表示优化网络中的带宽资源的平均消耗程度，值越小，说明网络的带宽资源平均占用越小。
- 网络链路带宽利用率的累积概率密度分布（cumulative distribution function，CDF）：评估实验网络负载的总体状况，80%的链路带宽利用率累积概率分布越小，说明网络中大部分链路负载越轻，网络性能越优。CDF 能描述一个变量的概率分布，用来描述链路利用率时，曲线越靠近纵轴说明网络性能越好，如图 6-2 所示，图 6-2 中包含两条 CDF 曲线 a、b，由辅助线可知，曲线 a 的 CDF 为 80%时对应的链路利用率为 0.51，说明有 80%的链路利用率在 0.51 以下；曲线 b 的 CDF 为 80%时对应的链路利用率为 0.64，说明有 80%的链路利用率在 0.64 以下。可以得出结论，从链路利用率的累积概率密度来看，曲线 a 对应的网络性能优于曲线 b 对应的网络性能。

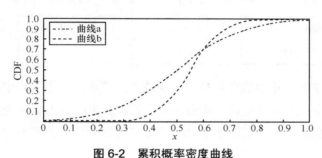

图 6-2　累积概率密度曲线

6.1.1　面向负载分流的路由优化

实验前后的链路利用率的 CDF 如图 6-3 所示。

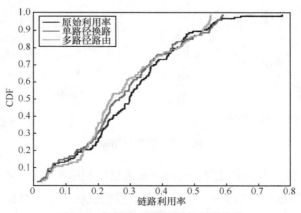

图 6-3　多径路由累积概率密度曲线

从图 6-3 可以得到表 6-1。当不分流时，仅仅通过对一些链路的路由重寻址，该网络的链路利用率有了一些改善，平均链路利用率降低了 0.016 5，最大链路利用率由 0.774 5 下降到 0.587 5。但是由于只是简单的流量重新选择路由路径，所以大部分链路上只有较小的流量可以换路，如果较大的流量换路，必然会对换路后经过的链路造成较大负载，无法达到优化网络总体性能的目的，因此采用这种方案后，80% 的链路利用率由之前的小于 0.44 下降到小于 0.43，优化效果不是特别明显。为了解决较大负载链路上大流量不能换路的问题，进行了流量分流的后续实验。通过多路径分流优化，最大链路利用率由 0.774 5 下降到 0.549 0，80% 的链路利用率由之前的小于 0.44 下降到小于 0.42，说明重负载链路大部分都有了明显的改善，链路利用率明显减小了，网络性能得到了改善，链路带宽的配置和利用更加合理了。

表 6-1 单路径与多路径路由结果对比

评价指标	原始数据	单路径换路	多路径路由
最大链路利用率	0.774 5	0.587 5	0.549 0
平均链路利用率	0.295 6	0.279 1	0.275 9
CDF 80%对应链路利用率	0.44	0.43	0.42

为了清晰地反映网络路由的变化情况以及改善的链路在网络拓扑中的具体位置，又绘制了反映链路负载变化的网络拓扑，如图 6-4 所示。其中图 6-4（a）是用最短路径路由得到的反映网络链路负载的拓扑，图 6-4（b）是用多径路由方法改善网络后得到的反映网络链路负载的拓扑。

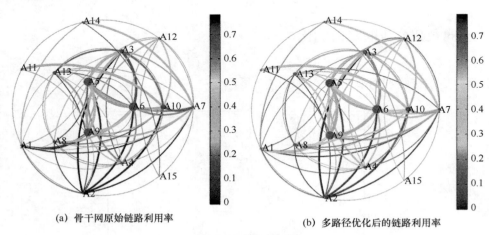

(a) 骨干网原始链路利用率　　　　　　　　(b) 多路径优化后的链路利用率

图 6-4 链路利用率

链路利用率最大的一些链路得到了改善，最大链路利用率从 0.774 5 下降到 0.549 0，平均利用率从 0.295 6 降低到 0.275 9。通过使用多路径优化方案，网络带宽资源消耗状况有了明显的改善，减少了出现网络拥塞的情况，网络资源的利用也更加均衡。

6.1.2　面向链路扩容的混合网络容量规划

假定利用率在 0.46 以上的链路可能在流量峰值时段面临堵塞问题，需要扩容，在实验网络中一共有 132 条直连链路，利用率大于 0.46 的有 15%左右，即 20 条链路，因此令 $SC=20C_0$。

按照网络扩容方案实验，分别从节点、链路和综合 3 个搜索方向得到了扩容后链路利用率累积概率密度曲线，如图 6-5~图 6-7 所示。

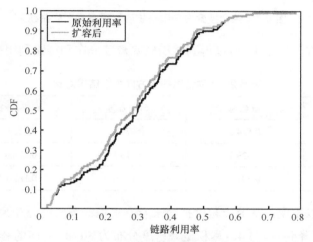

图 6-5　节点搜索方向网络扩容累积概率密度曲线

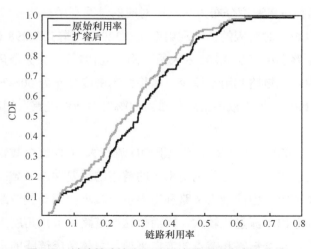

图 6-6　链路搜索方向网络扩容累积概率密度曲线

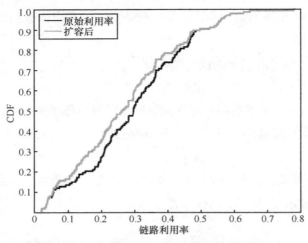

图 6-7　综合搜索方向网络扩容累积概率密度曲线

对比 3 种扩容方向的结果，可以得到累积概率密度分布和链路利用率的对比，见表 6-2。

表 6-2　3 种链路搜索方向扩容结果对比

CDF	优化前	节点方向	链路方向	综合方向
90%	0.524 3	0.474 4	0.465 9	0.524 3
60%	0.329 7	0.316 6	0.298 0	0.300 7
30%	0.207 6	0.195 5	0.187 1	0.176 8

从表 6-2 中可以发现，从节点角度扩容来看，累积概率密度分布为 90%时对应的链路利用率从 0.524 3 下降到 0.474 4，累积概率密度分布为 60%时对应的链路利用率从 0.329 7 下降到 0.316 6，累积概率密度分布为 30%时对应的链路利用率从 0.207 6 大幅下降到 0.195 5；从链路角度来看，累积概率密度分布为 90%时对应的链路利用率从 0.524 3 下降到 0.465 9，累积概率密度分布为 60%时对应的链路利用率从 0.329 7 下降到 0.298 0，累积概率密度分布为 30%时对应的链路利用率从 0.207 6 大幅下降到 0.187 1；从综合角度来看，累积概率密度分布为 90%时对应的链路利用率没变，累积概率密度分布为 60%时对应的链路利用率从 0.329 7 下降到 0.300 7，累积概率密度分布为 30%时对应的链路利用率从 0.207 6 下降到 0.176 8。

经过分析发现，链路利用率大的链路由于 OD 流较大、OD 流个数较多并且带宽相应也较大，所以从链路角度扩容时，这些利用率大的链路的重要性排名靠前，所以优化后利用率较大的链路得到了扩容，因此最大链路利用率也会减小；而一些链路利用率小的链路两端节点的度、带宽和总出入流量比较大，因而使这些链路从节点角度来看重要度较大，在扩容时增大了带宽；从综合链路和节点的方向来说，总体考虑链路的重要性和两端节点的重要性，所以利用率靠近平均值的链路得到了改善。

　　为了清晰地反映网络链路利用率的变化情况以及改善的链路在网络拓扑中的具体位置，绘制了反映链路负载变化的网络拓扑，如图 6-8 所示。从网络拓扑的变化可以看出，不同搜索方向扩容选择的链路不同。节点方向会选取节点重要度（节点的度、节点流量和节点带宽）大的链路，如链路 L_{16}；链路方向会选择链路重要度（链路上 OD 数、链路流量和链路带宽）大的链路，如链路 L_{34}；综合方向会选择节点和链路综合重要度都大的链路，如链路 L_{56}。基于扩容的流量工程方法可以先通过不同的方向对链路进行筛选，然后只对网络中核心的重负载链路进行针对性的扩容，忽略边缘链路，节约扩容成本。

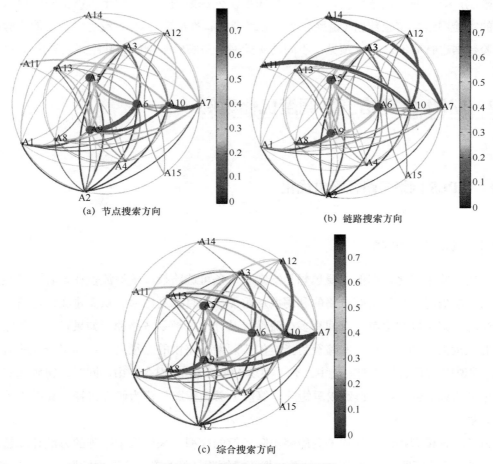

（a）节点搜索方向　　　　　　　　　　（b）链路搜索方向

（c）综合搜索方向

图 6-8　扩容优化后的链路利用率

　　在局部路由优化中，通过多路径路由实验，观察了路由选路算法对网络负载平衡的影响，基于分流的流量工程方法可以对重负载链路上较大的 OD 流选择多径路由，利用 MPLS 技术将流量分摊到多条路径上，有效缓解了重负载链路的拥塞，适当的路由选路算法能明显改善网络性能；通过链路、节点和两者综合等不同的角度扩容实验，可以对网络中重要的链路优先针对性扩容，忽略边缘链路，节约扩容成本。

在全局路由优化中，目标利用率的选择对于优化效果有很大的影响，所以要根据具体的优化目标（负载均衡、最大利用率和平均利用率等）对目标利用率进行合理的选择。同时，经过多组实验发现，增加候选路径数对于不同目标利用率下的优化效果差别较大，这与理论分析的结果有一些差距。深层次的原因还需要进行进一步的探索和分析。由于投入的时间有限，对于此问题的研究还远远不够，采用的优化模型还有许多需要改进的地方。例如，本模型极大地依赖链路权重，因为候选路径是根据链路权重计算前 k 条最短路径得到的。因此，优化的效果跟当前网络的链路权重有直接的关系。如何跳出当前网络链路权重的限制，寻找新的候选路径，是下一步需要研究探索的问题。由于本次实验结果只针对固定的实验网络与实验数据（链路权重、链路带宽和流量矩阵等），没有对其他的实验网络与实验数据进行研究。可以预见，不同的实验网络与实验数据的实验结果会有所不同。

6.2 MPLS 网络流量调度优化案例

6.2.1 MPLS 网络多路径路由优化

6.2.1.1 优化模型与求解

本次实验中优化模型的主要思想是给定若干条可选路径，求解流量在这若干条候选路径间的分配情况，使得所有链路的利用率尽可能接近目标利用率。从流量在候选路径间的分配情况，就可以知道节点对间有多少流量以及分别流经哪些路径。如果在某一条路径上分配的流量大于 0，即说明此路径为指定的实际参与路由的路径之一；如果分配的流量等于 0，则说明此候选路径未被选中。为了实现 MPLS 和 IP 混合路由，同时使得候选路径满足一定的约束条件，根据链路权重矩阵计算前 k 条最短路径作为候选路径，其中 k 为候选路径条数。

为了将该模型描述为优化工具能够实际求解的模型，采用流量矩阵的方法计算链路利用率，将 k 条最短路径转化为路由矩阵，把流量矩阵转换为在 k 个路由矩阵上分配的流量。由于一条最短路径的路由矩阵 A_i 为 $n^2 \times n^2$，流量矩阵 X_i 为 $n^2 \times 1$，所以由 k 个矩阵并排形成的路由矩阵 A 为 $n^2 \times (k \cdot n^2)$ 维，相应的流量分配矩阵 X 为 $(k \cdot n^2) \times 1$ 维，其中 $(i-1) \cdot n + 1 / (i-1) \cdot n + n$ 的元素为分配到第 i 个路由矩阵 A_i 上的流量矩阵。所有 $X_i (i = 1, \cdots, k)$ 对应元素之和应该等于流量矩阵 X。至此，就可以运用 $Y = AX$ 来计算链路流量，从而得到链路利用率。

$$A = \left((A_1)_{n^2 \times n^2} \cdots (A_i)_{n^2 \times n^2} \cdots (A_k)_{n^2 \times n^2} \right) \qquad (6\text{-}1)$$

$$X = \begin{pmatrix} (X_1)n^2 \times 1 \\ \vdots \\ (X_i)n^2 \times 1 \\ \vdots \\ (X_k)n^2 \times 1 \end{pmatrix} \qquad (6\text{-}2)$$

本文建立的模型下标、变量说明见表 6-3，常量说明见表 6-4。

表 6-3　下标、变量说明

下标/变量	说明
$d = 1, 2, \cdots, D$	流的编号
$e = 1, 2, \cdots, E$	链路编号
$v = 1, 2, \cdots, V$	节点编号
$\delta_{edp} = 1$	如果流 d 的第 p 条路径经过链路 e，为 1；否则为 0。实验中，δ_{edp} 通过由现网的 metric 求前 k 条最短路径得到，$\forall d$，$p = 1, 2, \cdots, k$
h_d	流 d 的大小
u_e	链路 e 的利用率
u_t	目标链路利用率

表 6-4　常量说明

常量	说明
h_d	流 d 的大小
C_e	链路 e 的带宽

目标函数：$\min F = \sum_e (u_e - u_t)^2$，即使所有链路的利用率最大限度地接近目标利用率。

这里的目标利用率是指优化之后链路利用率所达到的期望值，很显然，这一期望很可能并不能完全达成，但是可以使链路利用率最大限度地接近这一期望值。

约束条件为：

$$\begin{cases} \sum_p x_{dp} = h_d, d = 1, 2, \cdots, D \\[2mm] u_e = \dfrac{\sum_d \sum_p \delta_{edp} x_{dp}}{c_e} \\[2mm] u_e < 1 \end{cases} \qquad (6\text{-}3)$$

第一行的约束条件表明一对节点间在多条路径上分配的流量之和等于该节点对

间的流量需求；第二行是链路利用率的计算式；第三行的约束条件限定了链路利用率小于 1。

　　虽然参考了参考文献[1]的优化模型，然而提出的模型跟参考文献[1]的模型有很多不同之处。首先，优化目标不同，参考文献[1]中的优化目标是最小化最大链路利用率，而本次实验的优化目标是使所有链路的利用率尽可能地接近目标利用率，这里所说的目标利用率是指结合课题的实际需求，人为地为所有链路确定的希望达到的利用率。最小化最大链路利用率是优化模型中经常使用的一种优化目标，然而这个优化目标并没有从全局的角度考虑整个网络中链路的负载情况，而只关注其中链路利用率最大的链路。当链路利用率的最大值无法再降低时，优化目标就已达到，优化过程就不再进行。但是，实际上，网络中许多其他链路还有优化的空间，全网的链路负载还可以更加均衡。鉴于最小化最大链路利用率这一优化目标的局限性，提出了新的优化目标。这一优化目标考虑到了网络中的所有链路，使得所有链路的利用率尽可能接近目标利用率，同时，如果需要对不同重要程度的链路的优化情况进行区分，可以人为地为不同的链路设置相应的目标利用率或者权重，以期产生更希望看到的结果。

　　其次，优化模型求解的变量不同。参考文献[1]中求解的结果是需要建立的 MPLS 的标签交换路径以及流量在 OSPF 和 MPLS 间分配的比例。而本次试验中是给出若干条可选路径，求解流量在这若干条可选路径间的分配比例。这两种方法各有优劣。参考文献[1]中的方法求解出了需要建立的 LSP，而本次实验中候选路径是给定的。根据参考文献[1]中的优化目标，它求解出的 LSP 没有考虑时延等因素，所以为了得到最优解，解出的 LSP 可能由于时延过大或者跳数过多而在实际中并不可行。而本次实验则不存在这些问题，因为可以事先经过一定条件的筛选来决定候选路径。但是本文的方法也有一定的局限性，因为候选路径数量是一定的，很可能最优解并不在这些候选路径中，求得的结果只是在这些候选路径中取最优。对于这一点，可以通过增大候选路径数量来解决，考虑到极限情况，可以把所有满足约束条件的路径都加入候选路径中，但是，同时就会引入计算量显著增加的问题了。所以，需要在最优解和计算量间取得一个平衡。实际上，对于本次实验中所选用的 12 个节点的网络，即使候选路径数量达到 40 条，优化工具的求解时间也不过若干分钟，通过求解的结果发现，当候选路径超过 12 条时，优化结果不再有显著的提高。参考文献[1]中的方法也具有一定的局限性，对于某一节点对间的流量需求，可以同时选择 OSPF 和 LSP 进行路由，也就是说，流量最多被分成 2 份。而在实验中，流量的分配理论上是若干份（小于候选路径数）的，为了达到优化目标，流量可以在这些候选路径中任意分配，所以流量完全可以分为 3 份甚至更多。显然，流量可分的份数越多，达到的优化效果可能就越好。

　　本次实验的基本流程如图 6-9 所示。

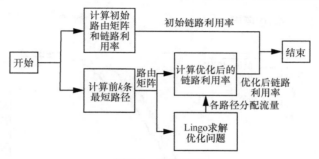

图 6-9 实验流程

首先，根据链路权重计算所有节点对间的最短路径，分摊链路流量，计算初始链路利用率。然后建立优化模型，计算候选路径。这里为了实现 MPLS 和 IP 的混合路由，首先将最短路径加入候选路径中。其次，由于链路权重矩阵是运营商综合考虑各种约束得到的，所以不妨把它们的约束作为实验中考虑候选路径的约束。因此，根据链路权重矩阵计算前 k 条最短路径作为候选路径，其中 k 为候选路径条数。对于路径数小于 k 的节点对，不妨将不足的候选路径设为最短路径。再将候选路径作为输入，通过优化工具对模型进行求解。

最后根据求得的所有节点对在 k 条路径上的流量分配以及 k 条路径信息，重新计算链路利用率，跟初始链路利用率进行比较，分析优化结果。

由于优化模型中目标利用率 u_t 和路由矩阵是需要提前给出的，而路由矩阵是根据链路权重矩阵计算前 k 条最短路径得到的，所以实验中涉及的参数有两个，一个是目标利用率 u_t；另一个是候选路径条数 k。对于目标利用率 u_t 的设置有两种情况，一种是目标利用率为常量，对于所有链路来说，它们的目标利用率都一样，是一个已知的值，如 0、0.1、0.2、0.3 等；另一种是目标利用率为变量，它可以是优化后的平均链路利用率，也可以是根据链路的重要程度（链路带宽、链路流量和流过该链路的流的个数）设置不同的目标利用率。将进行 3 组实验，分别对优化模型中的目标利用率 u_t 和候选路径数 k 进行讨论。

前两组实验都是对目标利用率进行讨论，候选路径数固定为 3。在第一组实验中，目标利用率为常量；在第二组实验中，目标利用率为变量；第三组实验讨论了在目标利用率为常量的情况下，候选路径数 k 对优化效果的影响。

6.2.1.2　固定目标利用率的优化结果

在讨论目标利用率的影响时，要保持另一个参数——候选路径数 k 值不变。这里，为了减少计算量和节约时间，在不影响结论的前提下，选择 k 值为 3。这样，不同的实验结果就只跟目标利用率的取值有关了。分别取目标利用率 u_t 为 0、0.1、0.2、0.3、0.4 进行实验，分别将不同的 u_t 和由前 3 条最短路径得到的路由矩阵输入优化模型中进行求解，求得了所有节点对间的流量在 3 条候选路径间分配的流量以及所有链路的利用率。然后画出利用率的 CDF 曲线，如图 6-10 所示。

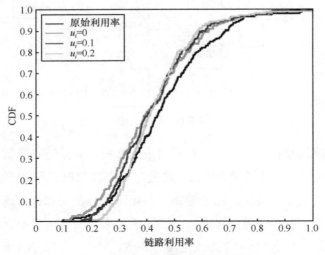

图 6-10　u_t 为常量时 CDF 曲线

在 5 种目标利用率下，负载都比原始利用率更加均衡了，最大利用率也降低了。u_t 为 0、0.1、0.2、0.3、0.4 的结果对比见表 6-5，由表 6-5 可以看出，优化之前，80% 的链路的利用率小于 0.444 8；优化之后，80% 的链路的利用率分别小于 0.38、0.377 3、0.358 1、0.365 3、0.406 7，这说明 80% 的链路的利用率的最大值分别降低了 0.064 8、0.067 5、0.086 7、0.079 5、0.038 1，最大链路利用率也从原始的 0.774 5 分别降到了 0.662 2、0.625 8、0.584 1、0.533 4、0.525 2。

表 6-5　u_t 为 0、0.1、0.2、0.3、0.4 的结果对比

评价指标	原始数据	u_t=0	u_t=0.1	u_t=0.2	u_t=0.3	u_t=0.4
最大链路利用率	0.774 5	0.662 2	0.625 8	0.584 1	0.533 4	0.525 2
平均链路利用率	0.295 6	0.271 2	0.275 9	0.291 9	0.313 7	0.347 5
CDF80%对应链路利用率	0.444 8	0.38	0.377 3	0.358 1	0.365 3	0.406 7

由图 6-10 可以看出，当利用率小于 0.35 时，目标利用率为 0 的曲线高于目标利用率为 0.4 的曲线，这说明把目标利用率设为 0 有利于增加小利用率（小于 0.35）的链路的比例。因此，可以结合网络的实际需要，通过合理地设置目标利用率的大小来达到网络均衡的目的。

为了更加形象地展现优化前后利用率的变化情况，以目标利用率 u_t 为 0.3 为例画出了优化前后的拓扑图，如图 6-11 所示，用线宽的粗细代表带宽的大小。

从图 6-11 可以清楚地看到利用率降低的链路以及利用率升高的链路，利用率明显降低的链路有：A3→A4、A5→A8、A4→A8、A6→A13、A5→A6 等；利用率升高的链路有：A5→A9、A6→A9 等链路，但是增幅不大。

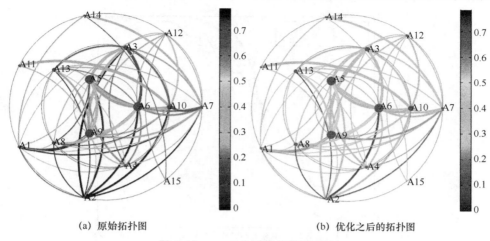

（a）原始拓扑图　　　　　　　　（b）优化之后的拓扑图

图 6-11　$u_t = 0.3$ 时优化前后对比

6.2.1.3　变动目标利用率的优化结果

要实现网络的负载均衡，网络中链路与链路之间利用率的差异要尽可能小。可以将这个问题转化为：使得所有链路利用率的方差最小。方差计算式为 $\sigma^2 = \dfrac{\sum(X_i - \bar{X})^2}{N}$，由于分母链路条数 N 是个定值，所以，只需要分子最小即可。由于目标函数是 $\min F = \sum\limits_e (u_e - u_t)^2$，所以，只需要将所有链路的目标利用率设置为平均利用率 $\bar{u}$ 即可。

在上述讨论的情况中，所有链路都是平等的，而在实际网络中，某些链路由于其带宽比较宽、链路流量比较大以及经过它的流的数量比较多而显得比较重要，可以根据链路的不同重要程度，为不同的链路设置不同的目标利用率 u_{Bw}，以便重要的链路能够比不太重要的链路接近一个更加小的目标利用率。因此，针对目标利用率，对于给不同的链路设置相同和不同的目标利用率的情况，分别进行了讨论，同时，在目标利用率相同的情况下，对 $u_t = \bar{u}$ 和 $u_t = u_{Bw}$ 进行了比较分析。

首先，将目标利用率 u_t 设为平均利用率 $\bar{u}$ 进行实验，CDF 曲线如图 6-12 所示。

由图 6-12 可以看出，优化之前，利用率的分布较为广泛；优化之后，利用率的分布表现出了明显的向中间集中的现象。这说明，链路间利用率的差别变小了，负载确实在一定程度上变得均衡了。利用率的方差从原始的 0.025 2 下降到了 0.013 5，下降了 46%，降幅明显。同时，最大利用率从 0.774 5 下降到了 0.632 1，80%的链路利用率由之前的小于 0.444 8 下降到小于 0.378 0。衡量一个网络负载情况的标准有很多，如平均利用率、最大利用率或利用率的方差等，实验结果再一次证明了不同的优化目标得到的优化效果是不同的。

然后，还针对不同重要程度的链路设置不同的目标利用率 u_{Bw}。为了简单起见，仅考虑链路带宽这一衡量链路重要程度的指标，带宽越大，链路越重要，链路的目标利用率越低。

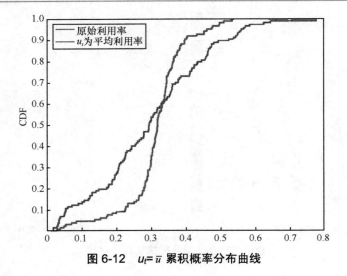

图 6-12 $u_t = \bar{u}$ 累积概率分布曲线

将链路的带宽做归一化处理得到 m，画出归一化带宽的 CDF 曲线，如图 6-13 所示，找到比重分别为 0.1、0.3、0.7、0.9 所对应的 m 值，然后对分布在不同区间的链路设置不同的目标利用率，具体设置如式（6-4）。

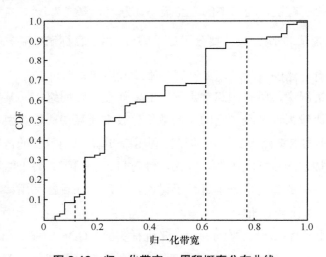

图 6-13 归一化带宽 m 累积概率分布曲线

$$u_t = \begin{cases} 0, 0.769\,2 \leqslant m < 1 \\ 0.1, 0.615\,4 \leqslant m < 0.769\,2 \\ 0.2, 0.153\,8 \leqslant m < 0.615\,4 \\ 0.3, 0.115\,4 \leqslant m < 0.153\,8 \\ 0.4, 0.038\,5 \leqslant m < 0.115\,4 \end{cases} \tag{6-4}$$

由于此次实验的结果将在后文出现，这里不再赘述。

最后，对 $u_t = 0$、$\bar{u}$、u_{Bw} 这 3 种情况下的优化效果进行对比，实验结果如图 6-14 所示。$u_t = 0$、$\bar{u}$、u_{Bw} 结果对比见表 6-6。

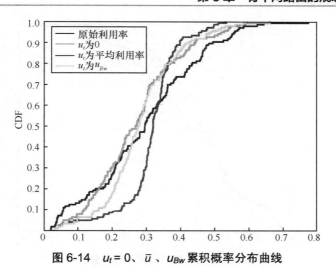

图 6-14　$u_t = 0$、$\bar{u}$、u_{Bw} 累积概率分布曲线

表 6-6　$u_t = 0$、$\bar{u}$、u_{Bw} 结果对比

评价指标	原始数据	$u_t=0$	$u_t=\bar{u}$	$u_t = u_{Bw}$
最大链路利用率	0.774 5	0.662 2	0.533 4	0.591 9
平均链路利用率	0.295 6	0.271 2	0.313 7	0.283 7
链路利用率方差	0.025 2	0.016 6	0.007 6	0.012 0
CDF 80%对应链路利用率	0.444 8	0.38	0.365 3	0.371 6

6.2.1.4　分析候选路径数的影响

候选路径数是实验中的另一个参数。同样，为了评估这项参数对实验结果的影响，将本组实验中的另一个参数——目标利用率都设为 0，分别取 $k = 3$、4、5 进行了实验。

在实验之前，先做理论上的分析。随着 k 值的增大，流量可以在更多的候选路径中选择若干条进行路由，并且理论上流量可以被分为更多份。所以，可以初步估计，在目标利用率相同的情况下，随着 k 值的增大，优化效果会增强。但是，随着候选路径条数的增加，路由矩阵中元素的数量也成倍增加，相应的计算量也增大。尤其是对于大型网络而言，时间复杂度将是一个不得不考虑的问题。所以，在大型网络中将遇到如何在优化效果和优化效率间进行取舍的问题。

同样，实验结果通过累积概率分布曲线（如图 6-15 所示）进行展现。

通过图 6-15 可以看出，不同的候选路径数对于利用率的方差的影响并不明显。通过增加候选路径数，并不能明显地改善网络负载均衡的情况。

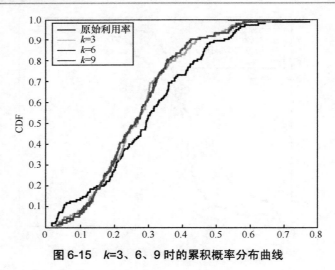

图 6-15　k=3、6、9 时的累积概率分布曲线

6.2.2　MPLS 网络流量调度

PIPE 模型是常规的线性规划问题，因此本工具借助线性规划的工具求解。本文选择的优化工具是 Lingo。在 Lingo 软件中运行该模型，即可得到路由矩阵 f，进而可以求解链路流量和链路利用率。链路利用率的 CDF 曲线如图 6-16 所示。

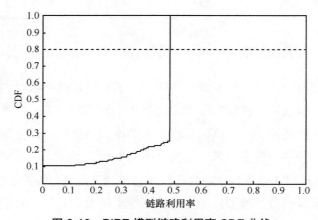

图 6-16　PIPE 模型链路利用率 CDF 曲线

从图 6-16 可以看出，利用率的最大值得到了显著的降低。同时，由表 6-7 可以看出，优化之前，最大链路利用率为 0.774 5，优化之后的最大链路利用率为 0.484 7，降低了 0.289 8。由于为了降低链路利用率的最大值，一部分链路的利用率达到了这个最大值，导致网络的平均利用率和 CDF 80%对应链路利用率不仅没有降低，反而有所上升。可见，不同的优化目标对于优化的效果具有较大的影响。

表 6-7　$u_t = 0$、$\bar{u}$、u_{Bw} 结果对比

评价指标	原始数据	优化之后
最大链路利用率	0.774 5	0.484 7
平均链路利用率	0.295 6	0.459 3
CDF 80%对应链路利用率	0.444 8	0.484 7

为了更加形象地展现优化前后利用率的变化情况,画出了优化前后的拓扑图,如图 6-17 所示。

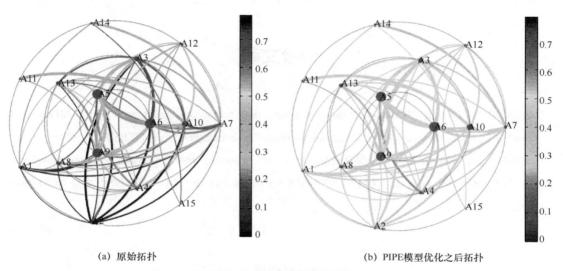

(a) 原始拓扑　　　　　　　　　　(b) PIPE模型优化之后拓扑

图 6-17　PIPE 模型优化前后对比

从图 6-17 可以清楚地看到,一部分链路的利用率达到了最大值,作为代价,最大的链路利用率有所降低。

在本节提出的优化模型中,目标利用率的选择对于优化效果有很大的影响。所以要根据具体的优化目标(负载均衡、最大利用率或平均利用率等)对目标利用率进行合理的选择。同时,经过多组实验发现,增加候选路径数对于不同目标利用率下的优化效果差别不大,这与理论分析的结果有一些差距,还需要进一步地探索和分析深层次的原因。由于投入的时间有限,对于此问题的研究还远远不够,采用的优化模型还有许多需要改进之处。例如,本模型极大地依赖于链路权重,因为候选路径是根据链路权重计算前 k 条最短路径得到的。因此,优化的效果跟当前网络的链路权重有直接的关系。如何跳出当前网络链路权重的限制,寻找新的候选路径,是下一步需要研究探索的问题。由于本次实验结果只是针对固定的实验网络与实验数据(链路权重、链路带宽和流量矩阵等),没有对其他的实验网络与实验数据进行研究。可以预见,对于不同的实验网与实验数据,实验结果会有所不同。

现有路由方式在模型和实现上存在局限。首先，为多路径路由建立的多商品流优化模型，通常以线性规划方法求最优解，得到最优流量分布。但在 OSPF/IS-IS 和 MPLS 网络中，由于路由机制的限制，这样的优化流量分布是不现实的。其次，模型中的最优流量分布不仅与网络拓扑有关，而且与流量矩阵相关。随着流量的不断变化，针对特定流量矩阵优化的流量分布逐渐不适应新的流量矩阵。为适应新的网络流量模型，重新计算最优流量分布、为流量重新配置路由在所难免。再次，随着网络规模的增大，OD 对间路径的数目随之急剧上升，最优分布的求解难度进一步加大。路径空间的扩大，增加了 OSPF/IS-IS 网络中参数搜索的难度，提高了对 MPLS 的计算能力和存储空间的要求。

参考文献

[1] ZHANG M, LIU B, ZHANG B. Multi-commodity flow traffic engineering with hybrid MPLS/OSPF routing[C]//Proceedings of Global Telecommunications Conference. Piscataway: IEEE Press, 2009: 1-6.

[2] HONG C Y, KANDULA S, MAHAJAN R, et al. Achieving high utilization with software-driven WAN[C]//Proceedings of the ACM SIGCOMM 2013 Conference on SIGCOMM. New York: ACM Press, 2013: 15-26.

第7章

未来流量工程的发展需求和相关新技术

7.1 概述

20世纪90年代，全球陆续进入互联网通信时代，这一阶段的主要技术特征是全IP化，IP作为互联网通信的基础性技术已成为业界共识。此时基于统计复用的分组交换技术发展起来，分组交换网是数据通信的基础网，利用其网络平台可以开发各种增值业务，如电子信箱、电子数据交换、可视图文、传真存储转发和数据库检索；但是，分组交换网提供的是一种"尽力而为"的服务：IP网尽量把数据分组从源端转发到目的端，但对所能提供的分组转发的服务质量不做任何承诺。因此，IP网提供的服务质量是无法预知的。很多新出现的互联网业务，特别是多媒体应用，要么要求巨大的带宽，要么需要严格的时延保证，要么要求一点到多点或多点到多点的通信能力，这些新业务要求IP网除了提供简单的"尽力而为"服务以外，还需要提供更新颖的服务方式。

在20世纪90年代后期，MPLS技术的出现，提供了更简单的互联网流量工程手段。到目前为止，MPLS仍是网络服务商使用最广泛的流量工程技术。然而，随着网络服务商需求的不断发展，MPLS的局限性日益显露：MPLS流量工程依然基于现有的网络机制和网络元素实现对互联网的控制和管理，由于许多控制协议是建立在互联网协议组之上的，缺乏灵活性，因此无法为网络流量控制和管理提供充足而有效的流量工程手段[1]。

未来10年，将有海量的设备连入网络，连接变得无处不在，同时宽带流量将有10倍增长，家庭吉比特接入以及个人百兆接入将成为普遍现象，而一些新业务（如4K/8K视频、虚拟现实（virtual reality，VR）游戏和汽车无人驾驶等）对网络分组丢失率、时延、QoS等要求将更为苛刻。随着云计算的发展和大规模移动网络的建设，用户对带宽的需求已从基于覆盖的连接，转向基于内容和社交体验的连接。

传统电信业务流量符合泊松分布模型，而互联网流量流向则由热点内容牵引，难以准确预测。数据中心（data center，DC）成为主要的流量生产和分发中心，呈现无尺度分布的特征，与现有电信网络部署架构不匹配。同时，现有网络设备支持的协议体系庞大且复杂，不仅限制了 IP 网络的技术发展，更无法满足当前云计算、大数据和服务器虚拟化等应用的要求。因此，运营商的现有网络难以满足互联网业务创新对网络灵活性、扩展性、智能化和低成本的要求，需要利用新型网络技术，以弹性、灵活、高效和智能为目标，提供全新的流量工程手段。

7.2　网络规模增长的持续压力

在过去几年中，互联网流量大幅增加，这一趋势预计将在未来几年继续保持。思科在 2017 年 7 月 8 日发布的可视化网络指数（visual networking index，VNI）[2]预测，在 2016—2021 年，全球数字化转型将对 IP 网络产生重大影响：互联网用户预计从 3.3 亿户增加到 46 亿户；个人设备和物联网连接数从 171 亿个增加到 271 亿个；平均宽带从 27.5 Mbit/s 提升到 53.0 Mbit/s。全球 IP 流量预计增加两倍，2016 年的全年流量为 1.2 ZB，到 2021 年可能达到 3.3 ZB。

视频将继续主导 IP 流量和整体互联网流量的增长。2016 年，视频流量占互联网总流量的 67%，到 2021 年将占互联网总流量的 80%。2021 年，全球将有近 19 亿户互联网视频用户，每月互联网视频观看时间将达到 3 万亿分钟。到 2021 年，新兴媒体（如实时互联网视频）将增加 15 倍，达到互联网视频流量的 13%，网络上将出现更多的电视应用流量和社交网络个人直播流量。虚拟现实和增强现实（augmented reality，AR）也会越来越受欢迎，到 2021 年，VR/AR 流量将增加 20 倍，占全球娱乐流量的 1%。

根据以上预测不难发现，流量对网络的挑战才刚刚开始，4K、超 4K 和 8K 等多媒体技术将进一步激发流量的爆发式增长，而 AR、VR 的发展会将流量的激增推向新的高潮。很多人都在预测未来流量趋势，过去的经验充分表明，流量的发展会释放不可限量的潜力，流量的规模增长将刺激运营商网络的发展需求，同时给网络流量调度带来巨大的挑战。

7.3　新型网络技术的发展需求

7.3.1　数据中心

数据中心用于计算、存储、管理和传播数据信息。典型的数据中心通常由服务器（如

Web 服务器、应用服务器和数据库服务器)、交换机/路由器、服务器机架、负载平衡器、线笼或壁橱、配电设备、冷却和加湿系统、照明系统和其他相关设备组成。上述基础设施作为一个有机的整体,由数据中心网络进行统一协调。

数据中心网络已成为互联网的重要组成部分。根据思科公司统计,当前数据中心网络流量由 3 部分组成,约 76% 的流量在数据中心内部交互,约 17% 的流量与广域网用户进行交互,剩下约 7% 的流量产生于数据中心间的交互。到 2016 年,数据中心的流量已经达到 4.8 ZB,而数据中心之外的广域网流量约为 1.3 ZB,换言之,未来数据中心网络流量将成为互联网流量的主体。

数据中心是承载各类应用和服务的基础设施,大量数据密集型作业被分发并加载到多台服务器上,执行不同的独立任务。在执行每个任务时,需要提取和处理大量分布式存储的数据,并产生大量的内部传输流量,这为数据中心的网络性能保障带来了很大的挑战。同时,由于云计算和云服务的使用量不断增加,数据中心服务器和其他必要设备的数量正呈指数级增长,虽然各类数据中心都能确保计算性能和存储容量随着服务器数量的增长而相应扩展,但数据中心的汇聚带宽、传输时延等网络性能上的差异才直接决定了其整体的可用性。因此,迫切需要对数据中心网络配置和管理进行创新,从而推动数据中心的进一步发展。

虚拟化数据中心网络与服务器虚拟化类似,旨在在共享物理网络基板上创建多个虚拟网络,从而允许每个虚拟网络独立进行实施和管理。通过将逻辑网络与底层物理网络分离,可以引入定制化网络协议和管理策略。此外,由于虚拟网络在逻辑上彼此独立,因此可以实现性能隔离和应用 QoS 保障,从而最大限度地降低安全威胁的影响。虚拟化数据中心网络是一个相对较新的研究方向,是迈向完全虚拟化数据中心架构的关键一步。

7.3.2　大数据

随着云时代的来临,大数据吸引了越来越多的关注。大数据通常用来形容大量非结构化数据和半结构化数据,分析这些数据会花费过多的时间和金钱。研究机构 Gartner 给出了这样的定义:"大数据"是需要新处理模式的海量、高增长和多样化的信息资产,可提供更强的决策力、洞察力和流程优化能力。麦肯锡全球研究所给出的定义是:一种规模大到在获取、存储、管理、分析方面大大超出传统数据库软件工具能力范围的数据集合,具有海量的数据规模、快速的数据流转、多样的数据类型和低价值密度。

对消费者而言,大数据是提供关于世界如何运作的有意义且可操作的信息。例如,Netflix 可以使用客户数据量身定制节目。对于生产者而言,大数据是处理这些大型、多样化数据集所必需的技术。生产者在数量、种类和速度方面表征大数据:有多少数据,有哪些类型以及从中获取价值的速度有多快。大数据技术的战略意义不在于掌握庞大的数据信息，而在于对这些含有意义的数据进行专业化处理。换言之，如果把大数据比作一种产业，那么这种产业实现盈利的关键在于提高对数据的"加工能力"，通过"加工"实现数据的"增值"。

大数据在云计算中占有一席之地。Apache Hadoop 是当今使用最广泛的大数据技术之一，采用 Hadoop 的公司正在将云架构引入其数据中心。大数据和云计算的关系就像一枚硬币的正反面一样密不可分，大数据必然无法采用单台计算机进行处理，它的特色在于对海量数据进行分布式数据挖掘，必须依托云计算的分布式处理、分布式数据库、云存储和虚拟化技术。大数据和云计算是相辅相成的，大数据支持消费的云服务，例如，应用程序可以记录数百万用户的每次互动，而这项服务反过来推动了对大数据技术的需求，以便存储、处理和分析这些交互，并将分析的价值重新注入应用程序。同时，云的规模扩展使访问存储和计算资源变得更容易和更便宜，从而持续推动新的大数据技术的创建和使用。

7.3.3　物联网

物联网可以被描述为将智能手机、互联网电视、传感器和执行器等智能设备连接到互联网上，从而实现事物和事物之间、事物与人之间的新形式通信。从信息技术的角度来看，物联网是一个巨大的全球信息系统，由数亿个对象组成，可以根据标准化和可互操作的通信协议进行识别、感知和处理。利用宽带移动通信、下一代网络和云计算等新型网络技术，物联网系统可以智能地处理对象的状态，为决策提供管理和控制能力，甚至可以使智能设备在没有人为干预的情况下自主地相互合作。

过去几年间，物联网建设取得了显著进步。根据预测，连接互联网的设备数量从 2011 年的 1.4 亿将增加到 2021 年的 21 亿，每年以 36%的速度增长。随着传感器、移动通信、嵌入式系统和云计算的发展，物联网技术已广泛应用于物流、智能仪表、公安、智能建筑和智能家居等领域。物联网的发展也将彻底改变从运输、能源到医疗保健、金融服务等许多领域。由于其巨大的市场前景，物联网已受到世界各国政府的高度重视，被视为继互联网和移动通信网络之后的第三波信息技术。

7.3.4　雾计算

对于某些应用场景，使用云计算难以保证较好的应用效果，例如实时游戏、增强现实和实时流等应用程序，时延敏感性较高，而云数据中心一般位于核心网络附近，数据传输距离较长，使应用服务遭受较长的往返时延。除此之外，物联网应用通常需要移动性支持、更广泛的地理分布和位置感知能力，而云计算无法提供支持，因此，需要一个新平台来满足这些要求。

雾计算平台因部署位置比云计算更靠近网络边缘而得名；但雾计算的提出并不是为了蚕食云计算，而是支持新的应用和服务。云与雾之间存在着丰富的互动，尤其是在数据管理和分析方面，用户、雾和云共同构成了三层服务交付模型，如图 7-1 所示。

图 7-1 三层服务交付模型

雾计算存在一些与现有计算体系不同的独特属性。首先，雾计算与终端用户距离很近，计算资源保持在网络边缘，支撑时延敏感型应用和服务；其次，雾计算可提供位置感知，分布式部署的雾节点能够推断自己的位置，并跟踪和定位用户设备，以便提供移动性支持；最后，雾计算支持边缘分析和流挖掘，可在网络边缘预处理终端产生的数据，减少向核心网络传输的数据量，从而降低时延并节省带宽[3]。

7.4 网络生态系统的演进需求

7.4.1 服务商角色的演进

互联网最初是作为政府研究实验室和大学参与部门之间的网络而发展起来的。万维网的出现，使互联网发生了质的变化，其从单纯的数据通信网络发展成为在全世界范围内共享和发送信息的分布式网络。20 世纪 80 年代，CompuServe 和 America on Line 等在线服务提供商开始提供有限的互联网访问功能，例如电子邮件交换，但公众无法轻易获得对互联网的完整访问权限。1989 年，澳大利亚和美国建立了第一家互联网服务提供商[4]，向公众提供直接入网服务。这些公司通常提供拨号连接方式，使用公共电话网络为其客户提供"最后一公里"连接。由于拨号 ISP 的准入门槛很低，许多提供商开始出现。随着技术的发展，有线电视公司和电话运营商与客户建立了有线连接，并可以使用宽带技术（如有线调制解调和数字用户线路）以比拨号更快的速度提供互联网连接；因此，这些公司成为其服务领域的主要 ISP。

从互联网的发展史可以看出，早期的互联网生态系统仅提供最基本的互联网接入和简单应用服务，而现今的网络生态日趋复杂，服务商的界限已经模糊，每个服务商都在为顾客提供尽可能多的综合型服务，包括网络服务、应用服务和内容服务等，从而产生了网络服务商、应用服务商、内容服务商以及综合服务提供商。

以中国 IT 产业为例，1999 年年底，世纪互联网推出 IDC（internet data center，互联网数据中心），开始做网络服务商的业务，提供、维护并管理网络设施，并朝着提供网络增值服务的应用服务商角色进行转变。应用服务是指配置、租赁、管理应用的解决方案，它是随着外包、软件应用服务和相关业务的发展而逐渐形成的。一个真正意义上的应用服务提供商必须具有高品质的数据中心，能够提供充足带宽和电力资源以及具备电信级的网络服务质量。

网络增值服务市场的另一个重要角色是内容服务商，内容服务商负责提供用户消费的视频、新闻等内容，经过网络分发到组织或个人，如优酷、新浪等。大型内容服务商的出现和快速增长，正在逐步改变主要服务商的格局。互联网流量，尤其是视频流量的显著增长，使现有网络面临很大挑战：一方面，网络变得非常拥挤，用户请求的响应变得很慢，为了改善网络性能，网络服务商必须持续对网络带宽进行扩容，然而，随着语音和短信业务的减少及流量资费的下降，网络服务商的带宽扩容并未带来大量的利润；另一方面，内容服务商也面临着巨大的压力，首先，大量内容被全球用户消耗，导致转发网络的流量过大，同时，内容服务商正在部署越来越多的服务，如弹性计算、协作工具和存储等，其自身的网络建设也日趋复杂。为了更好地应对上述挑战，网络生态系统逐渐形成了内容分发网络（content delivery network，CDN）[5]。然而，CDN 并不能解决所有的问题，为进一步提高内容分发效率，学者们提出了内容分发和网络基础设施合作的建议[6-10]，通过对网络拓扑和链路负载信息的感知，达到优化内容分发传输路径和内容服务器选择的目的，进而减少请求和响应的时延，提升用户体验。近年来出现的一些新型的网络技术，例如软件定义网络[11-13]和信息中心网络（information centric network，ICN）[14-15]，也带来了新的机遇和挑战，使得内容分发和网络基础设施合作的可能性得到更大的提升。

综上，网络生态系统中逐步出现各种服务商角色，它们和各种接入设施、终端用户一同推进着网络的发展。

7.4.2　网络架构的演进

传统网络过于复杂，难以满足云计算、大数据以及相关业务提出的灵活资源需求。当前，网络中存在着大量互不相干的协议，它们被用于在不同间隔、不同链路速度和不同拓扑架构的主机间建立网络连接。鉴于历史原因，这些协议的研发和应用通常是彼此隔离的，每个协议通常仅为了解决某个专门的问题而缺少对共性问题的抽象，这加剧了网络的复杂度。例如，为了在网络中增加或删除一台设备，管理者们往往需要利用设备级的管理工具，对与之相关的多台交换机、路由器、Web 认证门户等进行操作，以更新相应的 ACL（access control list，访问控制列表）、VLAN（virtual local area network，虚拟局域网）设置、QoS 及其他一些基于协议的机制。除此之外，网络拓扑、厂商交换机模型和软件版本等信息也需要被通盘考虑。

传统网络的复杂性增加了网络管理的难度，且使得网络更加脆弱。例如，如果在全网范围内下发策略，管理员通常需要在不计其数的网络设备上配置策略机制，难以确保网络策略在接入、安全和 QoS 等方面均保持一致，容易出现策略不合规、网络安全性降低等情况，这对于业务应用的运行都是致命因素。因此，传统网络通常都维持在相对静态的状态，网络管理员尽可能地减少网络变动以避免服务中断的风险。网络服务商正在积极寻求新的解决方案，以克服传统网络的局限性，增加网络灵活性。

由于虚拟化、云计算、大数据等新技术的快速应用，网络的流量流向已经发生了巨大的变化。未来 80% 以上的应用将部署在云上，数据中心正逐渐成为网络流量的中心。数据中心在各行业都发挥着至关重要的作用，承载着企业的关键业务，为用户提供及时可靠的视频、数据挖掘和高性能计算等服务。数据中心是云计算的实现平台，云计算时代的数据中心已经从原本的数据存储节点转变为面向服务和应用的 IT 核心节点。然而，传统网络一般是以行政区划和地理位置来组织的，在这种逐级收敛的树形架构中，数据中心仅仅作为普通的接入节点，必须将网络架构调整为以 DC 为中心，以适应网络流量流向变化的新趋势。

基于上述原因，网络服务商纷纷提出网络转型需求，其转型来自多方面的驱动。

第一驱动力是用户需求决定网随云动。从传统语音、短信和上网业务，到追求端到端高质量的 VoLTE（voice over long-term evolution，长期演进语音承载）、规模化的 IoT 连接、低时延的 VR 和车联网等业务应用，用户的新需求为网络服务商带来了挑战，要实现在一张网上满足大带宽、海量连接和低时延等需求，应从现在起着手构建一张全面云化的网络。

第二驱动力是降本增效。传统的 IT 成本占网络服务商收入总额的 8%，非虚拟化服务器的 CPU 平均利用率仅为 10%~20%，最高不超过 60%。设备老旧、占地大、耗电多、效率低和成本高则是另一痼疾，设备商对专属技术的锁定使得网络服务商处于非常不利的位置。同时，基础设施的封闭导致可视化程度不够，资源难以共享、难以配置。

当前，电信网正加速向虚拟化、云化和软件化转型，网络朝着控制与转发分离、网元软硬件解耦、网络云化和以 DC 为中心的方向不断演进着。网络服务商进入网络转型时代，着力推进网络智能化、业务生态化和运营智慧化，实施网络、业务、运营和管理四大智能化重构，满足用户随需接入、自动响应、逼真体验和高性价比的智能化信息服务需求。

网络服务商需要通过新型网络技术为现有网络注智，以数据中心为核心构建泛在、敏捷、按需的智能型网络，实现网络的统一规划、建设和集约运营，使网络资源主动适应业务需求，按需动态伸缩，实现云网资源的跨域协同保障以及网络和 IT 融合开放，打造软件化、云化和智能化网络。网络服务商将促进网络架构、网络运营模式、网络部署和服务方式的改变，有利于降低网络建设和维护成本，促进新型网络和业务的创新，实现生态系统的开放和产业链的健康发展，营造安全的网络环境，提升公共服务水平。

7.5 软件定义网络技术

目前全球通信产业已经进入软件定义网络阶段，这一阶段的主要技术特征是网络架构的变革，即从垂直封闭架构转向水平开放架构，体现在网络控制与转发分离、网元硬件解耦和虚拟化、网络的云化和 IT 化等多个方面，代表技术有 SDN、网络虚拟化和云计算等。这一阶段的来临为电信网络的深化转型提供了强大的武器，带来了历史性的发展机遇。毫无疑问，未来流量工程的发展是离不开 SDN 的，SDN 已经成为促进网络创新和网络体系重构的最重要的推动力之一。

7.5.1 SDN 定义与架构

SDN 是一种新兴的基于软件的网络架构及技术，其主要思想是将数据平面与控制平面分开，同时在控制平面上提供可编程性[16]。SDN 最大的特点在于具有松耦合的控制平面与数据平面，支持集中化的网络状态控制，可实现底层网络设施对上层应用的透明。SDN 具有灵活的软件编程能力，使得网络的自动化管理和控制能力获得了空前的提升，能够有效地解决当前网络系统所面临的资源规模扩展受限、组网灵活性差和难以快速满足业务需求等问题。

开源组织 ONF（Open Networking Foundation，开放网络基金会）对 SDN 的定义为：SDN 是一种支持动态、弹性管理的新型网络体系结构，是实现高带宽、动态网络的理想架构。SDN 将网络的控制平面和数据平面解耦分离，抽象了数据平面网络资源，并支持通过统一的接口对网络直接进行编程控制。

ONF 是斯坦福大学 McKeown 教授和 Shenkers 教授联合多家业界厂商发起的非营利性开放组织，其主要工作是推动 SDN 的标准化和商业化进程，成员覆盖网络服务商、网络设备商、IT 厂商和互联网服务商等。ONF 提出的 SDN 架构如图 7-2 所示。

SDN 架构分为三层：最上层为应用层，包括各种不同的业务和应用；中间为控制层，主要负责数据平面资源的编排、网络拓扑状态信息维护等；最下层为基础设施层，主要负责数据转发和状态收集。除了架构层次以外，各层间接口也是 SDN 架构中的重要组成部分：应用层与控制层间的接口通常被称作北向接口，控制层与基础设施层间的接口被称作南向接口。ONF SDN 架构是从网络资源用户的角度出发的，希望通过对网络的抽象推动更快速的业务创新。

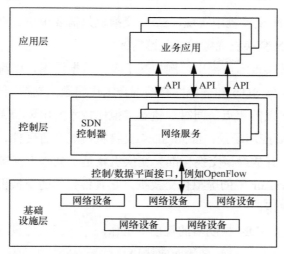

图 7-2　ONF 提出的 SDN 架构

SDN 架构主要有以下 3 个特征。

（1）网络开放可编程

SDN 建立了新的网络抽象模型，为用户提供了一套完整的通用 API，使用户可以在控制器上编程，实现对网络的配置和管理，从而加快网络业务部署的进程。

（2）控制平面与数据平面解耦合

控制平面和数据平面之间不再紧密依赖，两者可独立完成体系结构的演进，类似于计算机工业的 Wintel 模式，双方只需要遵循统一的开放接口进行通信即可。控制平面与数据平面解耦合是 SDN 架构区别于传统网络体系结构的重要标志，是网络获得更多可编程能力的架构基础。

（3）逻辑上的集中控制

主要是指对分布式网络状态的集中统一管理。在 SDN 架构中，控制器担负起收集和管理所有网络状态信息的重任，逻辑集中控制为软件编程定义网络功能提供了架构基础，也为网络自动化管理提供了可能。

符合以上 3 个特征的网络都可以被称为 SDN。

7.5.2　SDN 的交换机及南向接口技术

SDN 交换机是 SDN 中具体负责数据转发和处理的设备。究其本质，无论是交换机还是路由器等传统转发设备，其工作原理都是在收到数据分组时，将数据分组中的某些特征域与设备存储的表项进行比对，若匹配成功，则按照表项的指示进行相应的处理。SDN 交换机的原理类似，但与传统设备存在差异。SDN 交换机的各个表项并非由设备自行生成，而是由远程控制器统一下发，因此各种复杂的控制逻辑（如链路发现、地址学习和路由计算等）都不需要在 SDN 交换机中实现，SDN 交换机只需要聚焦数据处理，而数据处理的性能也就成为评价 SDN 交换机优劣的最关键指标。

很多高性能数据转发技术被提出，例如基于多张数据流表、以流水线方式进行高速处理的技术。另外，考虑到 SDN 和传统网络的混合工作问题，支持混合模式的 SDN 交换机也是当前设备层技术研发的焦点。同时，随着虚拟化技术的出现和完善，虚拟化环境将是 SDN 交换机的一个重要应用场景，因此 SDN 交换机可能会有硬件、软件等多种形态，如 OVS（Open vSwitch，开放虚拟交换标准）交换机就是一款基于开源软件技术实现的、能够集成在服务器 Hypervisor 中的虚拟化交换机，它具备完善的交换机功能，在虚拟化组网中起到了非常重要的作用。

SDN 交换机需要在 SDN 控制器的管控下工作，与之相关的设备状态和控制指令都需要经由 SDN 南向接口传递。最知名的南向接口莫过于 ONF 倡导的 OpenFlow 协议。作为一个开放的协议，OpenFlow 打破了传统设备厂商的设备接口壁垒，在业界的共同努力下日臻完善。OpenFlow 解决了控制层如何把 SDN 交换机所需表项进行下发的问题。同时 ONF 还提出了 OF-Config 协议，用于对 SDN 交换机进行远程配置和管理。在实际应用中，南向协议的接口已大大丰富，包括 Netconf、BGP、OVSDB 等，其目标都是为了更好地对分散部署的 SDN 交换机进行集中化管控。

7.5.3 SDN 的控制器及北向接口技术

SDN 控制器负责整个网络的运行，是提升 SDN 效率的关键。当前，业界已发展出很多开源控制器，如 OpenDaylight、ONOS 等，它们都能够实现链路发现、拓扑管理、策略制定和表项下发等功能，支持 SDN 运行的基本操作。虽然不同的控制器在功能和性能上仍旧存在差异，但是已经可以从中总结出 SDN 控制器应当具备的技术特征，从这些开源系统的研发与实践中得到的经验和教训，将有助于推动 SDN 控制器的规范化发展。另外，作为 SDN 的核心，SDN 控制器的安全性至关重要，可能存在的单点失效等问题一直亟待解决，业界对此也有很多探讨，从部署架构、技术措施等多个方面提出了很多有创造性的方法。

SDN 北向接口是通过控制器向上层业务应用开放的接口，其目标是使业务应用能够便利地调用底层的网络资源和能力。北向接口是直接为业务应用服务的，其设计需要密切联系业务应用需求，具有多样化特征。同时，北向接口的设计是否合理便捷，直接影响到 SDN 控制器的市场前景。不同于南向接口，北向接口还缺少业界公认的标准，不同的参与者或者从用户角度出发，或者从运营角度出发，或者从产品能力角度出发，提出了很多方案。虽然北向接口标准还很难达成共识，但是是否具有充分的开放性、便捷性和灵活性将是衡量接口优劣的重要指标，例如 REST API 就是业务应用开发者比较喜欢的接口形式，部分传统设备厂商在其现有设备上开放了编程接口供业务应用直接调用，也可被视作北向接口之一。

7.6　基于软件定义的流量工程方案

SDN 使智能配置、管理和编排网络成为可能，支持按需资源分配和自助服务设置，静态网络演变为可扩展的、独立于设备商的网络服务交付平台，能够快速响应不断变化的业务，大大简化网络的设计和运营，满足用户和市场的需求。SDN 可以应用于企业网络、广域网和连接数据中心的网络等各种场景中[17]。

7.6.1　软件定义的广域网流量工程

长期以来，传统广域网（wide area network，WAN）存在着部署周期长、管理复杂度高、业务适应性差和系统不开放等问题，这些问题一直困扰着网络运维人员，也制约着企业的 IT 化发展。尤其是近年来，云计算、在线视频和移动互联网等新兴应用模式的快速发展，从根本上改变了广域网的流量模型，网络需要承载的应用种类越来越多，流量也变得更加复杂多变，这对广域网的承载能力、业务适应性、调度灵活性、可扩展性和可靠性等都提出了新的需求，而现有的网络架构很难根本性满足这些需求。

猛增的流量、移动用户和国际分支机构，需要具备专用带宽、企业级性能保障和安全保护的网络。MPLS 作为专网的首选技术，面临着地域覆盖受限、跨国组网困难、专线安装和开通周期长以及维护成本高昂的短板。除了优化网络内的数据分组流量外，大多数网络服务商还需要更好地控制其域间流量，即跨越不同网络服务商边界的流量。目前使用的工具是 BGP（border gateway protocol，边界网关协议）。BGP 是一种标准化的外部网关协议，旨在在 Internet 自治系统（autonomous system，AS）之间交换路由和可达性信息，并提供多种属性供网络管理员进行配置。根据网络管理员的配置，可形成灵活的路由策略，影响流量报文的转发路径。但是，BGP 面临路由可扩展性的问题，因此，亟须对传统的广域网进行重构和变革，构建一个架构开放、灵活编程和易于运维的新一代广域网，承载日益丰富的应用流量。

下一代广域网的设计目标是，将成熟的软件技术（智能动态路由控制、数据优化、TCP 优化和 QoS）与传统网络资源（如公共互联网）完美地融合，最大限度地发挥传统资源的性能，其核心是让用户可以自行对广域网带宽和报文流量流向进行智能管理。将 SDN 技术引入广域网已经成为业界的普遍共识，目前该应用形成了庞大的 SD-WAN（software defined wide area network，软件定义广域网）[18]市场，通过 SDN 技术实现网络设备控制功能与转发功能相分离，WAN 用户能够按照预定的路由策略自主控制广域网流量的流向，整合 MPLS 专线、光纤和移动网等多种网络线路资源进行广域网流量调度，提升网络质量，降低流量成本，提高链路带宽利用率[19]。

7.6.2　软件定义的数据中心网络流量工程

根据设备用途的不同，将传统数据中心网络分为核心层、汇聚层和接入层，中小型数据中心一般将核心和汇聚层合二为一。核心层是数据中心与外部网络的网关，主要承担流量的转发，一般由路由器配置 BGP 与骨干网/城域网互联。汇聚层作为数据中心内部交换的核心设备，一般采用 IGP 与核心层互联，同时提供防火墙、负载均衡和 VPN（virtual private network，虚拟专用网络）终结等增值业务。接入层对接客户服务器网卡，一般采用二/三层交换机，可使用二/三层协议与汇聚层互联。

随着业务承载要求的提升，原三层架构的数据中心网络存在以下问题[20]。

（1）网络层次多

三层网络架构导致数据流量的处理环节相对较多，时延增大，服务器间实时交互数据和分布式流量传输的高可靠性得不到保障。

（2）二层网络不稳定

二层网络采用 STP（spanning tree protocol，生成树协议），网络不稳定，收敛速度慢且链路利用率低。

（3）管理维护复杂

三层网络架构下的设备数量多，导致业务扩容、业务迁移和新增服务功能越来越困难，每一次变更都牵涉相互关联的、不同时期、按不同需求建设的多种物理设备，涉及多个不同领域和不同服务方向，运维管理工作烦琐、维护困难，且容易出现漏洞和差错。

当前，数据中心网对灵活性的要求越来越高，基于 SDN 的数据中心网络方案能充分满足数据中心的规模部署和运营需求，具有很大的优势。

（1）集中高效的网络管理和运维

SDN 控制器拥有全网的静态拓扑及动态转发信息，可实施全网高效管理和优化，更有利于网络故障的快速定位和排除。可在此基础上开发专用的故障诊断工具，实时模拟网络的实际转发过程，可实现故障的快速定位和处理，极大地提高了运维的效率。

（2）灵活组网与多路径转发

数据中心网络采用统一的 SDN 控制器实施控制，网络的转发规则和动作由 SDN 控制器统一控制和下发，能有效避免环路，并能根据业务需求实现多路径转发和负载均衡，大幅提高网络的可靠性和利用率。

（3）智能的虚拟机部署和迁移

虚拟机的部署和迁移需要网络的配合。数据中心可通过 DC 管理器、VM（virtual machine，虚拟机）管理器以及 SDN 控制器协同实现虚拟机的智能化部署与迁移。当某台虚拟机需要迁移时，首先由 VM 管理器感知到，并向 DC 管理器发出请求；DC 管理器收到网络配合请求后，向 SDN 控制器发送网络配合请求；SDN 控制器实施网络控制，将相应的网络策略下发到虚拟机迁移的目的网络设备中，并撤销虚拟机原来所在网络设备的相应网络策略，从而实现了虚拟机和网络的无缝协同。

参考文献

[1] AKYILDIZ I F, LEE A, WANG P, et al. A roadmap for traffic engineering in SDN-OpenFlow networks[J]. Computer Networks, 2014, 71(3): 1-30.

[2] Cisco visual networking index: forecast and methodology[Z]. 2016.

[3] YI S, HAO Z, QIN Z, et al. Fog computing: platform and applications[Z]. 2016.

[4] ROGER C. Origins and nature of the internet in Australia[Z]. 2014.

[5] SHAVITT Y, WEINSBERG U. Topological trends of internet content providers[Z]. 2012.

[6] AGGARWAL V, FELDMANN A, SCHEIDELER C. Can ISPS and P2P users cooperate for improved performance?[J]. ACM SIGCOMM Computer Communication Review, 2007, 37(3): 29-40.

[7] POESE I, FRANK B, AGER B. Improving content delivery using provider-aided distance information[Z]. 2010.

[8] DIPALANTINO D, JOHARI R. Traffic engineering vs. content distribution: a game theoretic perspective[Z]. 2009.

[9] MA R T B, LUI V, RUBENSTEIN D. On cooperative settlement between content, transit, and eyeball internet service providers[Z]. 2011.

[10] POESE I, FRANK B, SMARAGDAKIS G. Enabling content-aware traffic engineering[J]. ACM SIGCOMM Computer Communication Review, 2012, 42(5): 21-28.

[11] XIA W, WEN Y, FOH C H. A survey on software-defined networking[J]. IEEE Communications Surveys & Tutorials, 2015, 17(1): 27-51.

[12] NUNES B A A, MENDONCA M, NGUYEN X N. A survey of software-defined networking: past, present, and future of programmable networks[J]. IEEE Communications Surveys & Tutorials, 2014, 16(3): 1617-1634.

[13] HUANG T, YU F R, ZHANG C. A survey on large-scale software defined networking (SDN) testbeds: approaches and challenges[J]. IEEE Communications Surveys & Tutorials, 2017, PP(99): 1.

[14] XYLOMENOS G, VERVERIDIS C N, SIRIS V A. A survey of information-centric networking research[J]. IEEE Communications Surveys & Tutorials, 2014, 16(2): 1024-1049.

[15] ZHANG L, ESTRIN D, BURKE J, et al. Named data networking (NDN) project[Z]. 2014.

[16] JAMMAL M, SINGH T, SHAMI A, et al. Software defined networking: state of the art and research challenges[J]. Computer Networks, 2014, 72(11): 74-98.

[17] SOLIMAN M, NANDY B, LAMBADARIS I, et al. Exploring source routed forwarding in SDN-based WANs[Z]. 2014.

[18] 郭晓军, 万晓兰. 重构广域网关键技术[J]. 电信科学, 2017, 33(4): 26-38.

[19] 王林, 周崇杰. SD-WAN 技术优势及应用分析[J]. 科技风, 2018(1): 60.

[20] 王征, 林叶锋, 傅永斌. 云数据中心新型网络架构应用和实现[J]. 邮电设计技术, 2013(2): 17-21.

[21] 程胜, 丁炜. Internet 流量工程及其发展趋势[J]. 通信技术政策研究, 2003(2): 40-50.

第8章

软件定义的广域网流量工程

8.1 概述

8.1.1 广域网流量调度的问题

长期以来，广域网的功能主要是负责网络中各个节点的互联互通，比如数据中心的分支和总部之间或分支和分支之间等。它和业务应用分别属于两个不同的系统，基本上没有什么联系，广域网作为传输通道，实现业务流量的被动"承载"。然而，随着互联网应用的快速发展和流量模型的转变，需要网络能够自动地"适应"多变的业务需求，尽可能根据需求做出相应的变化，可目前的网络管理主要是针对设备的，而非针对业务的管理，且更多基于设备节点的视角，而非整体的视角。

网络设备是一个封闭的系统，其控制平面和数据平面紧耦合，如图 8-1 所示。传统网络设备的硬件、操作系统和网络控制功能相互依赖，任何层面的细微修改都会影响到设备其他层面，必须同时升级所有部分。如果要尝试某种新的网络功能，需要向网络设备厂商提需求，被动等待厂商更新和升级对应的产品，最终还需要在厂商的指导和帮助下才能实现这些网络功能，周期十分漫长。

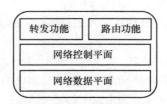

图 8-1 封闭的传统网络设备

目前广域网流量调度存在以下几个主要问题。

（1）业务部署慢，上线周期长

广域网设备分散，业务开通时需要逐台部署，手工配置，部署工作量很大；广域网业务众多，配置复杂，手工配置容易出错，开通周期长。

（2）流量调度难，缺乏灵活性

由于缺乏整网视角，设备各自基于路由进行选路，最终形成的是最短路径而非实时最优路径，带宽利用率低。同时，传统的策略路由和流量工程局限性大、配置复杂，无法动态适应网络状态和应用需求的变化，难以根据业务的轻重缓急灵活地调度相应的流量。

（3）网络维护人员的运维体验差

网络管理手段有限，目前以手工配置为主，对维护人员的技能要求较高。流量和业务无可视化呈现，造成无法快速识别和定位故障，运维难度大。

（4）网络开放能力弱，无法适应业务对网络的要求

现阶段网络设备复杂、网络封闭、可编程能力弱，无法满足业务快速部署和灵活定制需求，网络和应用静态绑定，难以有效联动，应用体验的提升有限。

8.1.2　基于 SDN 的流量调度发展

为打破网络设备厂商的垄断，获取更多的网络可编程能力，需要将网络设备的控制平面与数据平面进行分离，通过开放的接口实现网络的控制，如图 8-2 所示。

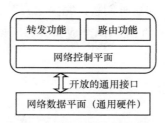

图 8-2　控制平面与数据平面分离

新架构下，控制平面和数据平面不再相互紧密依赖，双方只需要遵循统一的开放接口，就可独立完成体系结构的演进。控制平面能建立更高级别的抽象编程模型，摆脱传统网络控制平面的功能堆砌方式；数据平面更加通用化，可实现数据平面功能的软件定义，从而为用户提供更多的灵活性。

最早尝试控制平面和数据平面分离思路的是 IETF 工作组的 ForCES（Forwarding and Control Element Separation）[1]，在这个框架中已经出现了 SDN 的雏形。ForCES 定义了一个新的数据平面开放接口，用户可以通过分离的控制平面定义数据平面的网络处理行为，从而获得更多的网络可编程能力。贝尔实验室的 Lakshman 等[2]基于 ForCES API 实现了 The

SoftRouter 架构，其采用完全分离的路由器控制平面对数据平面进行控制。但由于出现时机不成熟，颠覆式的 ForCES 并没有获得业界主流路由器厂商的认可和支持。

随后的 RCP（routing control platform）架构[3]吸取了 ForCES 的经验教训，并没有定义新的数据平面编程接口，而是采用现有的 BGP 实现控制平面对数据平面转发规则的配置。在 RCP 架构之后，4D（decision-dissemination-discovery-data）架构[4]将网络系统重新划分为 4 部分：逻辑上集中控制的决策（decision）平面、安装数据分组处理规则的扩展（dissemination）平面、收集网络拓扑和实施流量测量的发现（discovery）平面及按照配置规则完成网络数据处理的数据（data）平面。4D 架构进一步将紧耦合的网络系统进行了更加细致的划分。

在 4D 架构的基础上，Martin[5-6]先后实现了 SANE（secure architecture for the networked enterprise）和 Ethane 架构。在 Ethane 架构中，网络管理员可以通过集中式的网络控制器编程实现基于网络流的安全接入策略，并将这些安全策略装载到数据平面设备中，从而实现对网络的编程控制。Ethane 部署实现了含集中式控制器、19 个 Ethane 型交换机和 300 多个主机的真实网络，搭建了 SDN 的雏形。

在 Ethane 架构的基础上，第一个 SDN 控制平面和数据平面之间的开放接口 OpenFlow[7]诞生了，并迅速发展成为主流的南向接口标准。OpenFlow 的出现，打开了传统网络设备这个相对封闭的黑盒子，标志着控制平面与数据平面的真正分离。在 OpenFlow 的冲击下，思科和 Juniper 等传统网络设备厂商也尝试向用户提供更多的开放能力。与此同时，网络芯片巨头博通公司提出了 OF-DPA（OpenFlow data plane abstract）框架[8]，使网络数据平面设备具备更强的可编程能力。SDN 的这种创新，完美地应对了广域网流量调度目前存在的一些问题，将广域网与 SDN 相结合的 SD-WAN 成为大势所趋。

8.2 SD-WAN 架构

8.2.1 SD-WAN 的物理架构和逻辑架构

SD-WAN 物理架构如图 8-3 所示，SD-WAN 可以分为控制平面和数据平面。控制平面主要包括控制器所在的上层部分，负责控制信号的交换和数据分组路由的选择，对网络设备、功能进行管理，并对网络状态进行实时监控和分析。数据平面则对应图 8-3 中的下层部分，主要负责网络承载应用和用户数据交换。控制平面和数据平面间采用南向接口进行交互。在 SD-WAN 中，一个逻辑控制平面可以为多个数据平面服务，一个数据平面也可以通过虚拟化技术独立地受多个逻辑控制平面的管理。

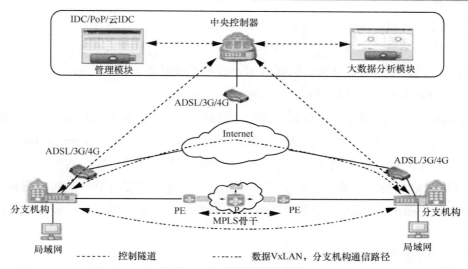

图 8-3　SD-WAN 物理架构

比较常见的 SD-WAN 应用场景采用 Internet 和专线共存方式[9]，通过引入 SDN 控制器，完成分支机构 CPE 设备的集中管理及自动化配置（包括各种 Internet 接入及专线接入的配置管理等）。同时，SD-WAN 可实现企业广域网及应用的可视化，并提供智能路由功能，基于网络环境的实时状态智能调度各种应用的数据流量，保障分发的高效性和通信的实时性。

SD-WAN 逻辑架构如图 8-4 所示，SD-WAN 的逻辑架构由 3 部分组成：底层是广域网层，具备网络虚拟化/云化功能，可形成大带宽网络资源池，支持多种接入方式（如 MPLS、Internet 和 4G 等），支持热备冗余等高可靠性保障方式；中间层是软件化的各种网络功能，如智能动态路由、VPN、智能 QoS 和 TCP/UDP 优化等，通过 SLA 策略设定，智能路由可动态调用最佳资源，连通分支机构、数据中心、云端和个人终端等终端与设备；顶层是服务控制层，该层以业务应用为本，对应用进行识别、监控和优化，并根据应用状态即时调整传输策略。

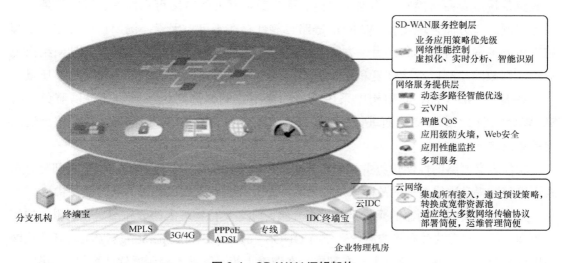

图 8-4　SD-WAN 逻辑架构

要实现上述逻辑结构,网络应具备以下几大功能。

(1) 支持多种连接方式

支持 MPLS、帧中继、移动通信网络 4G/5G 和互联网等。

(2) 能够在多种连接之间动态选择链路

动态选路可达到负载均衡或保障资源弹性的目的。SD-WAN 如果同时连接了 MPLS 和互联网,可以将部分需重点保障的应用流量,例如 VoIP(voice over internet protocol,基于 IP 的语音传输)分流到 MPLS 链路上,以保证应用的高质量传输;而对于一些带宽不敏感或者对稳定性要求不高的应用流量,例如文件传输,可以将其分流到互联网上。同时,可将 Internet 作为 MPLS 的备份连接,当 MPLS 出现故障时,可保证企业的广域网络不断连。

(3) 简单的广域网管理接口

凡是涉及网络的事物,似乎都存在管理和故障排查较为复杂的问题,广域网也不例外。SD-WAN 提供一个集中的控制器来管理广域网连接、设置应用流量原则和优先级、监测连接可用性以及提供可视化能力等。基于集中控制器可以达到简化广域网管理和故障排查的目的。

(4) 支持 VPN、防火墙、网关和广域网优化器等服务

SD-WAN 在广域网连接的基础上,将提供尽可能多的、开放的和基于软件的技术。

8.2.2 SD–WAN 的架构挑战

近年来,软件定义网络在一些特殊场景下的应用取得了显著的效果,例如数据中心网络(data center network,DCN)。但是与这些安全与受控的网络环境不同,在 WAN 中实施流量调度存在着固有的困难,突出表现为数据平面的链路可靠性差、链路传播时延长等问题。一方面,现实中 WAN 的链路可靠性存在不可控因素,例如自然灾害、工程施工意外等导致链路中断;另一方面,由于 WAN 的链路传播时延较大,一旦网络出现故障,则故障检测、故障恢复和配置更新等都会出现时延,从而影响全网的整体质量。如果在整个 SD-WAN 的架构中采用唯一的集中控制器,则这些影响都难以避免。在 SD-WAN 架构上的控制平面进行扩展,使之支持分布式的 SDN 控制器,是解决上述问题的思路之一。

软件定义网络的性能优势主要来源于其在控制平面的集中式运算,适当引入部分分布式运算可以提升网络整体的故障恢复能力,但是又会引发架构设计上的新问题与挑战。

第一,需要对控制器的操作系统进行升级,使之支持物理上的分布部署和逻辑上的统一管理。目前已有的分布式控制器系统有 ONOS(open network operating system,开放式网络操作系统),是一种在物理上分布部署、在逻辑上统一管理的控制器软件系统,如图 8-5

所示。ONOS 提供了两个主要属性：所有 ONOS 实例之间共享全局网络视图和抽象网络状态；性能和容错的信息可以在多个实例间传播扩展。在由 ONOS 控制的网络中，每个交换机都有一个主控制器，用于对其转发平面进行编程；交换机的状态信息通过分布式键值对的格式进行存储，并且在所有控制器实例之间共享。

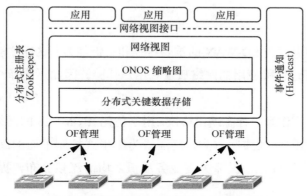

图 8-5　分布式控制器操作系统的逻辑架构

第二，需要设计多个分布式 SD-WAN 控制器的部署位置，从而克服数据平面传输固有时延带来的信息更新与管理方面的问题。目前已有几种基本的控制器部署放置策略[10]，其主要思想是基于传输时延开展优化设计。例如，可以将对平均网络反应时延的优化设计转化为最小 k 中值问题；可以将对最差网络反应时延的优化设计转化为最小 k 中心问题；可以将对某个节点到某个控制器的具体时延性能保证转化为最大覆盖问题。

第三，需要设计适用于分布式控制器的更新策略。当网络出现故障时，既会导致数据平面的数据发送失败，也会导致不同 SDN 设备上的配置规则不一致。后者更会导致 SD-WAN 网络严重的不稳定性，例如中断连接、转发循环或访问控制违规等。目前已有的研究建议是设计专用于这种情况的运行时调度系统[11]，建立网络内更新信息所需要的依赖图，再使用启发式方法测算更新路径。具体说来，调度程序将根据网络行为选择通过此图的正确路径，根据交换机和网络的实时行为确定有效的更新顺序，运行时调度程序选择满足这些约束的路径，而该路径可以保持网络一致性和更新顺序的正确性。

8.3　软件定义的路由技术

实际应用中，一种部署 SDN 的思路是在控制层面利用 SDN 的优势，而不在数据转发层面做大的改动；另一种部署思路要求对数据转发面和传统设备进行较大改动，比如使用 OpenFlow 作为南向接口协议，以一种全新的转发方式颠覆现有网络架构和设备转发规则。这种激进的部署方式没有得到主流设备厂商及电信运营商的支持，通过对现有网络协议进行扩展和优化，推动现有网络平滑演进，实现网络开放的目标才是更加可行的选择。在这样的背景下，一系列支持 SDN 架构的协议得到发展，分段路由（segment routing，SR）与 BGP 扩展为其中的典型代表。

8.3.1 分段路由

智能控制、灵活调度是 SD-WAN 的重要特征和关键能力，这样才能为应用报文选择最优的网络路径，更好地保障应用的网络质量和用户体验。因此，选择一个灵活高效的南向接口协议至关重要。

分段路由（SR）[18]作为一种源路由协议，用于优化 IP、MPLS 的网络能力，为 SD-WAN 提供了更加灵活简单的路径控制方式，逐渐成为集中式控制平面的路由下发手段，实现全网的流量调度和路径优化，保障关键业务质量，均衡流量分布，提高专线利用率，降低线路成本。

在 SR 协议中，源节点负责选择或指定路径，并将路径转换成一个有序的分段列表封装到报文头中，数据平面设备只需要根据报文头中的路径进行转发。SR 是对现有源路由协议和流量工程的完善，只需要在数据平面的边缘设备中进行路径选择，其余设备无须对路径状态进行维护，简化了广域网的设计和管理。

简单地说，SR 对现有网络协议的控制功能进行了简化，并直接复用已有的数据平面。举例说明，MPLS 网络不再需要部署复杂的 LDP（label distribution protocol，标签分配协议）或 RSVP-TE（resource reservation protocol-traffic engineering，基于流量工程扩展的资源预留协议）等控制面协议，只需要通过 IGP（interior gateway protocol，内部网关协议）的 SR 扩展来实现标签分发和同步，或者由控制器统一负责 SR 标签的分配，并下发和同步给设备；而网络设备不做改动或者进行小的修改就可以支持对 SR 报文的转发。在 MPLS 网络中，SR 标签即 MPLS 标签，SR 路径即标签栈。标签栈的报文格式如图 8-6 所示。

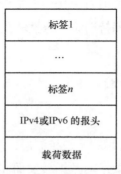

图 8-6　标签栈作为路径的报文格式

SR 标签与普通 MPLS 标签格式完全相同，分为两种类型：节点标签（prefix/node

segment）和邻接标签（adjacent segment）。

节点标签是为设备分配的标签，一个设备即一个节点，标签全局唯一。每个设备有各自支持的标签范围，需预留一段标签段作为全局段路由标签块（segment routing global block，SRGB），设备的节点标签即 SRGB+全局索引，设备将通过路由协议把节点标签向外通告。如图 8-7 所示，R6 节点通过 IGP 发布自己的索引为 6，SRGB 从 7000 开始，则 R6 的节点标签为 7006。当网内其他设备收到栈顶标签为 7006 的报文时，会直接查找一条到 R6 的最短路由并将报文发送给 R6。

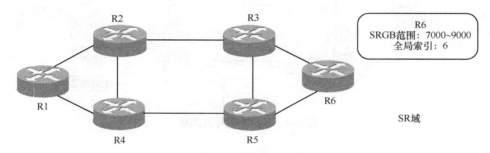

图 8-7　节点标签示意图

举例说明，从 R1 发送 SR 报文到 R6 的处理流程如图 8-8 所示。

1）首节点 R1 根据 SDN 控制器路径计算结果，确定 SR 报文需要经过 R6，加入节点标签栈 7006。

2）转发节点 R2 将 SR 报文看作普通的 MPLS 报文，根据 MPLS 标签进行处理。

3）转发节点 R3 将 SR 报文看作普通的 MPLS 报文，根据 MPLS 标签进行处理，如需进行标签倒数第二跳（penultimate hop popping，PHP）弹出，则在节点 R3 完成标签弹出。

4）尾节点 R6 收到普通无标签 IP 报文，按照普通 IP 报文正常流程进行转发。

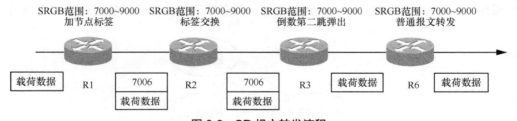

图 8-8　SR 报文转发流程

邻接标签表示设备上某条链路的单跳路径，标签仅在设备本地有效。每个设备向与自己相邻的设备通过 IGP 扩展通告邻接标签，或者通过 SDN 控制器直接为 SR 域内的每条链路进行标签分配。邻接标签转发流程如图 8-9 所示。

1）首节点 R1 根据 SDN 控制器路径计算结果，确定报文路径为 R1→R2→R4→R5→R6，根据已知的邻居标签信息，R1 在报文中打上[204, 405, 506]标签栈。

2）转发节点 R2、R4、R5 收到报文，弹出栈顶标签，根据此标签选择出口链路进行转发。

3）尾节点 R6 收到普通无标签 IP 报文，按照普通 IP 报文正常流程进行转发。

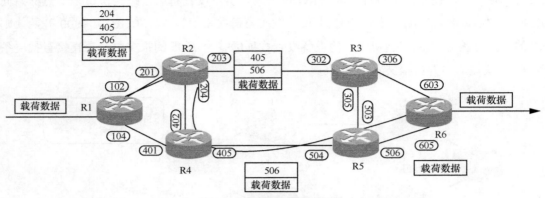

图 8-9　邻接标签转发流程

8.3.2　BGP 拓扑收集扩展

SD-WAN 的目标之一是增强网络的可视化能力，使管理人员可以方便地看到整个网络的拓扑结构、链路状态、链路质量及流量路径等。上述目标可通过 BGP-LS（border gateway protocol-link state）进行实现。BGP-LS 可动态收集网络拓扑、设备信息及链路状态等数据，作为网络可视化和流量调度的基础。目前，BGP-LS 已成为广域网控制器的主流南向接口协议之一。

BGP-LS 在 BGP 的基础上进行扩展，增加链路状态属性用于发布网络中设备节点信息、链路属性（如带宽、开销等）、链路状态及拓扑信息等。拓扑信息示意图如图 8-10 所示。

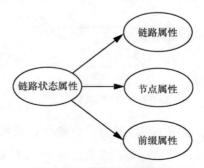

图 8-10　拓扑信息示意图

BGP-LS 以自治域为单位，收集域内 IGP 信息并发送给控制器，由控制器经过分析、整合后供流量调度、网络可视化等功能使用，如图 8-11 所示。

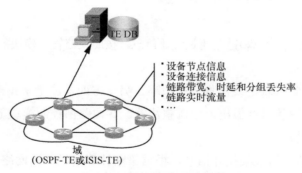

图 8-11　自治域内信息收集

在传统广域网中，管理员如果要实现复杂的流量控制，需在设备上逐一配置策略路由（policy based routing，PBR），整体效率低、设备压力较大。有一种解决思路是利用路由协议同时完成路由的通告与策略的随路下发，目前较为主流的方法是采用 BGP 的扩展协议 BGP Flowspec（BGP-FS）进行实现。

BGP Flowspec 是 IETF RFC5575[19]标准协议，它通过定义新的 NLRI（network layer reachability information，网络层可达信息），携带源地址、端口号等类似于 ACL 的规则，并通过扩展团体（extended community）属性定义匹配字段需要执行的操作，如重定向、限速等。BGP Flowspec 可替代 PBR，通过控制器给设备下发 BGP Flowspec 路由，不但能够解决 PBR 方式存在的效率问题，而且能够充分利用 BGP 成熟的机制，很好地兼容现网设备，将 SD-WAN 能力快速引入现网，从而加快广域网的重构。

中国电信股份有限公司广州研究院提出了基于 BGP 的 SDN 流量调度方案[24]，其总体思路是控制器通过流量采集获取流量、流向信息，根据实际流量情况自动分配网络资源，动态按需调整，达到充分利用网络带宽的目的，其总体架构如图 8-12 所示。

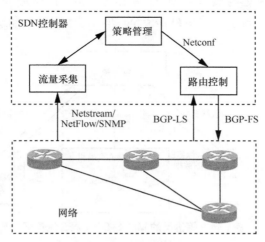

图 8-12　方案总体结构

SDN 控制器主要由以下 3 个模块构成。

（1）流量采集模块

周期性采集并聚合流信息和链路流量统计信息，按照策略管理模块的策略进行流量分析。

（2）策略管理模块

一方面向流量采集模块下发流量分析策略；另一方面从流量采集模块获得分析后的待调整流量信息，根据网管目标做出流量调整决策，并向路由控制模块下发策略。

（3）路由控制模块

通过 BGP-LS 从网络收集拓扑信息，根据策略计算路径并向网络下发 BGP-Flowspec 路由，使流量能够调整到新计算的路径上。

与现网流量调度模式相比，基于 SDN 和新型路由协议的 SD-WAN 能够提供统一的可视化流量管控方式，消除分布式控制容易产生的多点协同和维护复杂性问题；同时，控制器可收集 IGP metric 等丰富的网络信息，帮助优化路由计算过程，统一下发路由策略，防止产生次优路由问题。

8.4 软件定义的流量调度

8.4.1 流量的标记与转发

目前运营商 WAN 实现流量工程的主要途径是 MPLS 技术，将 SDN 技术与 MPLS 现有技术架构进行融合是较为现实和迫切的技术需求。基于转发等价类（equivalence class）的 MPLS-SDN 混合流量标记与转发，如图 8-13 所示，在网络设备上部署和实现混合 MPLS-SDN 的流量识别与标记，可以经由 SDN 进一步实现流量的标记与转发。

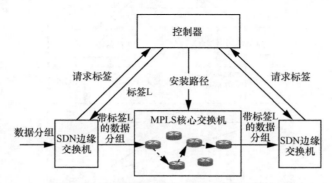

图 8-13　基于转发等价类的 MPLS-SDN 混合流量标记与转发

（1）基于转发等价类的流量转发[12]

该方案以一个网络域为对象，拟通过网络域内 MPLS 路由器和 SDN 设备的联合工作提供混合网络功能。在网络边缘部署 SDN 设备，在网络核心部署 MPLS 传统设备。SDN 的控制器根据预先设定的类别对流量进行区分，包括"OFPInstructionGotoTable""OFPActionPushMpls""OFPActionSetField"和"OFPActionOutput"等，创建新的流表并输出相应端口的数据。经过 SDN 标记的数据可以经由传统 MPLS 的数据平面进行转发，即实现了 MPLS 数据平面与 SDN 控制平面联合工作的混合网络。该方案的实现思路类似于传统网络服务质量保证的区分服务（differentiated service）实现机制，易于在有相关实现基础的网络上实现。

（2）基于隧道拼接的流量转发[13]

该方案以一条传输路径为对象，拟对沿途的 MPLS 和 SDN 路由器进行差异化控制。首先设计网元抽象的机制，将底层网络设备统一映射成控制层面的节点，对上层隐藏各种不同设备的差异。其次，设计独立的隧道模块，支持承载 SDN 的流表操作、MPLS 的标签交换操作。设计 SDN 控制器中的路径转换模块，该模块逐一检查每个路径，核查路由器标签空间，并为路径上的路由器生成相应的转发规则。假设沿着从网络入口到出口路径上的路由器序列号是 $[1, 2, \cdots, n]$。该方案使用倒数第二跳弹出算法，即路径转换器采用从路由器 $n-1$ 到路由器 1 的倒序决定每个路由器的转发规则。如果下一条的路由器为 MPLS 路由器，则分配 MPLS 标签并且制定相应的转发表；如果下一条为 OpenFlow 路由器，则分配并制作 OpenFlow 的流表项。实验仿真结果表明，由于 MPLS 和 OpenFlow 协议的独立操作，该方案可以支持快速故障恢复，并有效降低了故障恢复的收敛时延。

8.4.2　流量矩阵预测与规划

流量矩阵（traffic matrix，TM）是网络中所有源节点和目的节点之间的流量关系的数学表达，也是开展各种流量规划、测算工作的重要依据。在互联网演进的各阶段，流量矩阵的测量、估计和规划都是网络测量领域的基础研究内容。在 SDN 技术条件下，流量矩阵的预测与规划也面临很多新的研究问题。

对于动态性较强的网络而言，其流量矩阵需要根据链路负载和路由信息等进行更新，通常需要网络节点记录大量的流状态信息[14]，从而导致测量记录时存储流量标识的压力较大。落实到 SDN 上，即 SDN 交换机 TCAM 存储器容量受限。如图 8-14 所示，该方案提出了一种基于 SDN 设备的有限存储条件下的流量记录与估计的方案。该方案为每个单独的传输流估计一个流扩散（flow spread）参数，用于表达与网络流量强度相关的上限和下限之间的差异。该参数的测算可借助于可用数据（如链路负载和路由信息）来计算；在估计该参数的同时，也完成了对关键的传输流的识别问题；对于这些少量的关键流进行准确测量，可以有效提高对流量矩阵估计的质量。

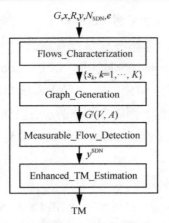

图 8-14　基于流扩散的流量矩阵估计方案

　　基于 SDN 的多流量矩阵的路由优化流程如图 8-15 所示。首先，Flows_Characterization 过程提取当前通过 SDN 设备的网络流量的特征，即测试每个流的扩散参数，确定每个流的流量大小影响后期流量矩阵估计的程度，流扩散参数值越大，其在流量矩阵中的影响就越大。其次，Graph_Generation 过程将基于流扩散参数排序的流列表作为输入，并生成从传输流到矩阵元素的图结构（Flow_to_Entries Graph），该图结构可以描述可测量流与 SDN 节点中的可用条目的关联关系。接下来，Measurable_Flow_Detection 过程将前一步获得的图结构作为输入，确定待测量的流的集合，并将测量该传输流的任务分配给适当的 SDN 节点。最后，Enhanced_TM_Estimation 过程对测量到的流量矩阵进行估计。

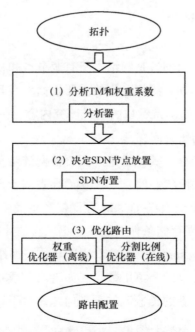

图 8-15　基于 SDN 的多流量矩阵的路由优化流程

对现有的已经长期运行的网络而言，其网络拓扑和流量矩阵特征相对稳定，在这些网络上部署 SDN 设备时，不仅可以完成流量矩阵的测量，还可以实现路径的优化。面向多网络域、多业务需求所导致的多流量矩阵的路由规划需求，该方案提出了一种流量矩阵测量与路由优化的混合方案。该方案的基本思路是：采用数据挖掘算法对已有的所有流量矩阵历史数据进行挖掘，从而获得不同流量矩阵的权重，进而可以对流量分割比率进行测算与优化。将有代表性的流量矩阵与路由配置权重进行线性组合，以获得预期的流量矩阵，并作为后续流量工程的目标。

首先经过流量矩阵分析器，根据网络拓扑分析多个流量矩阵的权值系数，获得不同流量矩阵的重要性描述。其次调用 SDN 部署模块，确定 SDN 设备实施流量采集的网络位置。接下来运行的路由优化包括两个部分：一部分是在传统网络设备（例如 OSPF 路由器）上设置离线权重以影响路由决策；另一部分是对各路径上调度的流量分隔比例进行优化配置。

8.4.3　链路资源调度

流量矩阵与路径规划通常对应于较为长期的流量工程任务。在较短时间尺度内会出现流量波动导致链路利用率不均匀的情况，例如有的链路较为闲置，而有的链路趋近于拥塞。为此，需要结合 SDN 技术实现较为精细的流量与链路的调度。

（1）基于逐跳流分割的混合流量调度方案[16]

现实中很多电信运营商已经部署了商用现货网络（commercial off-the-shelf network，CN），渐进式部署软件定义网络后，会形成传统 CN 与新型 SDN 共存的情况。该方案提出了一种壁垒模式（barrier mode）混合流量调度方案，即在传统网络的网元设备上设置可通过的传统流量的上限阈值（即壁垒）：低于该阈值的链路内采用传统流量工程方案，即设置 OSPF 路由权值或者 MPLS 标记实现基于目的地的流量聚合与路由；高于该阈值的链路容量预留给 SDN 的调度流量，采用类似 OpenFlow 的流表实施精确化调度，为实施该流量调度，需要在每个转发表中增加流分割比例（flow splitting ratio）信息。

基于流分割的混合流量调度过程如图 8-16 所示，在传统的路由表项的<目的地 Dst，转发端口 Egress>之外，增加一列流分割比例，用以表达到达流量从该目的端口转发的比例。图 8-16 中的路由器 A 有两个到达流量 f_1 和 f_2，分别从路由器 B 和 C 通向目的地 D；同时路由器 A 也有一个流量 f_3 前往目的地 D。此时路由器 A 根据目的地对流量进行聚合，即 $f_A=f_1+f_2+f_3$，并根据路由表里的流量分割比例，向相应的端口<#1, #2, #3>转发<20%, 30%, 50%>比例的到达流量。在每个路由器实现流分割后，需对沿途路由器进行逐跳配置以保证整体的流量调度，建立线性规划的模型以最小化沿途的最大链路利用率。

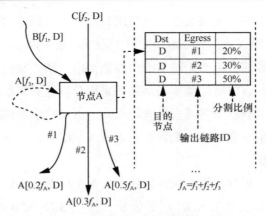

图 8-16　基于流分割的混合流量调度过程

（2）基于全局链路优化的混合流量调度方案[17]

在传统网络与 SDN 中实现混合流量工程是运营商面临的普遍需求。前述方案考虑的是端到端的沿途链路带宽保证需求，但是在运营商视角中更为重要的是提高全网的联络利用率（即网络拥塞）。该方案提出了一种分步骤迭代实施的全局链路优化方案，适用于网络的流量矩阵和网络拓扑在短时间内并未改变的情况。首先，获得采用传统网络的最短路径的链路负载情况，即采用 Floyd 的算法搜索任意两个节点之间的最短路径，将流量引导到该路径上，从而获得当前的链路利用率。其次，建立关于节点的有向无环图（directed acyclic graph，DAG），并搜索链路利用率较低的待选路径。接下来，基于多商品线性规划问题（multi-commodity linear programming problem）的方法，求取通过 SDN 节点可以向待选路径上分配的流量比例。多次迭代后，可以达到全局的链路调度的最优，即最小化链路最大链路利用率的目的。仿真实验表明，把网络中 30% 的节点替换为 SDN 节点可以较为显著地改善网络的全局链路利用率。

8.5　SD-WAN 案例

8.5.1　NTT UNO

SDN 技术发展迅猛，能解决电信运营商转型过程中出现的许多实际问题。新的网络架构具备灵活、高效和敏捷的特性，将给传统网络业务系统封闭独立、笨重和运营复杂等问题带来根本性改变[20]。很多运营商如日本 NTT、美国 AT&T、西班牙 Telefonica 和中国香港 HKT 等，基于 SDN 技术打造的业务网络已经进入商用阶段。NTT 作为日本最大的电信运营商，在全球有着不可忽视的影响力，其业务创新和技术创新是业界的风向标。本节以

NTT 为例，详细介绍 NTT 全球网络演进过程及架构，为国内运营商提供参考。

NTT、NTT Com、NEC、富士通和日立合作，于 2013 年 6 月开始一项网络平台开放创新研究计划，重点解决广域网 SDN 化问题。同年，NTT 完成了对全球领先的云服务提供商——Virtela 的收购，将 SDN 和 NFV（network function virtualization，网络功能虚拟化）技术应用在网络中，打造了一张全球化基础网络——UNO（arcstar universal one）。UNO 面向全球企业用户提供统一的用户界面、丰富的全局管理功能以及容易部署、可扩展的"云化"企业网络服务。

UNO 网络示意图如图 8-17 所示，企业用户可以通过 UNO 平台实现对所有基本业务参数的配置和管理，如电路数量、安装地点、安装时间、全流程的系统故障管理和流量报告等。企业的网络管理员通过网页登录控制台，通过拖拽图形化的配置图标并输入配置信息，实现分钟级的网络服务开通，例如为企业分支配置互联网出口和 VPN、创建防火墙以及提供应用加速服务等，极大地提升了效率，使网络具备了前所未有的敏捷性。UNO 使得全球企业用户都可以便捷地享受到在线一站式服务，为用户提供了极大的便利，也使得 NTT 的网络业务更容易地拓展到各种不同规模和类型的企业中。

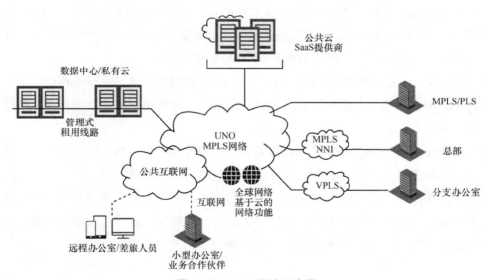

图 8-17　UNO 网络示意图

UNO 通过提供不同的服务等级来满足企业客户的差异化需求。

- 优质级：优良的质量和可靠的保障，提供冗余且有带宽保证的接入线路。
- 企业级：高可靠网络，提供带宽保障的接入链路和尽力转发的备份链路。
- 标准级：平衡网络质量与成本效益，提供单条带宽保障的接入链路，无备份链路。
- 轻量级：提供低成本的尽力转发的接入链路，无备份链路。

在 UNO 的基础上，NTT 在 2017 年发布了软件定义一切+管理式服务综合解决方案——SDx+M，目标是全面支撑企业客户进行数字化转型，为企业客户提供安全、可靠、灵活和快捷的 ICT （information and communication technology，信息通信技术）设施以及统一的云网融合管理服务。SDx+M 是一系列解决方案的集合，用户可根据不同的业务要求选择最适合的网络方案组合，提升业务连接效果、降低成本。

SDx+M 主要由 CMP（cloud management platform，云管理平台）、Global Management One 和 Wide Angle 3 个管理平台以及 SD-WAN、SD-LAN 和 SD-Exchange 3 个网络方案构成。

- CMP：为使用混合云的企业客户提供统一可视化云管理平台，支持 NTT 自有企业云、AWS、Azure 和 VMware 云等，可统一管理企业使用的多种云资源，基于开放的合作生态，也支持对客户要求集成的第三方服务进行管理。

- Global Management One：数据中心云管理平台，可对数据中心的云服务器、网络、存储、防火墙、中间件及应用进行自动化管理、配置和运维。

- Wide Angle：提供专业、安全的分析咨询服务，并提供 Wide Angle 平台对企业安全进行监控，通过对企业数据中心/云的运行监视以及日志收集，经过 AI 分析，对企业提供攻击报告、攻击事件通知以及安全策略改善提案。

- SD-WAN：广域网解决方案，支持 MPLS、Internet 或混合接入方式，涵盖 MPLS、以太网、本地网络、宽带及 LTE 等多种接入技术，可以为企业提供 Internet 访问或者 NTT 本地私有云访问。该服务覆盖全球 190 多个国家和地区[21]，除了网络连接，它还能同时提供实时的网络分析和安全 Web 网关功能。

- SD-LAN：企业内部网络解决方案，利用 SDN 控制器和软件交换机构建安全、便捷的企业网络，实现内部网络的统一可视化管理，管理范围涵盖物理设备、软件交换机和 IoT 设备。

- SD-Exchange：使用 SDN 技术提供灵活的专线连接，构建数据中心和云之间高速、安全和按需调整的专线服务，支持连接到 NTT 私有云和第三方云。

NTT 结合用户应用场景，综合利用 SDN、NFV 和云等新技术和平台为企业打造更具吸引力的业务，以网络连接为基础、以平台为核心、以管理为延伸，覆盖了网络、云、应用 3 个层面，NTT 的大力实践充分证明了这些新技术的价值。

8.5.2 微软 SWAN 系统

亚马逊（Amazon）、谷歌（Google）和微软等大型在线服务提供商的信息基础架构是数据中心（DC）及数据中心之间的广域网（inter-DC WAN）。为了提供高质量（低时延、高吞吐量等）的应用服务，目前大型数据中心之间多采用专用通信链路，这些专用链路的租用以及维护的价格昂贵且利用率偏低，以 100 Gbit/s 到 Tbit/s 的链路为例，每年的租用成本在 100 万美元以上，但是其繁忙链路的平均利用率仅为 40%~60%。针对这种情况，谷歌公司率先结合 SDN 的概念，对 DC 内部以及 DC 之间的网络进行升级改造，采用了定制的

SDN 交换机[22]。更具代表性的 Inter-DC WAN 广域网流量工程的案例是由微软公司提出的
SWAN（software defined WAN，软件定义广域网）解决方案[23]，与谷歌公司的方案不同，
其网络硬件基础为商用的网络设备，在实际实施方面对于网络运营商更具备参考价值。

（1）Inter-DC WAN 的流量调度需求

在传统网络中，上层应用按需发送网络流量，即想发送数据即发送数据。上层应用与
传输网络之间缺乏协调，使得网络的链路利用率存在明显的波峰和波谷，进而导致 WAN
的整体链路利用率较低。图 8-18 给出了微软测量到的某骨干链路一天之内的链路利用率波
动情况（包括峰值利用率和均值利用率）。

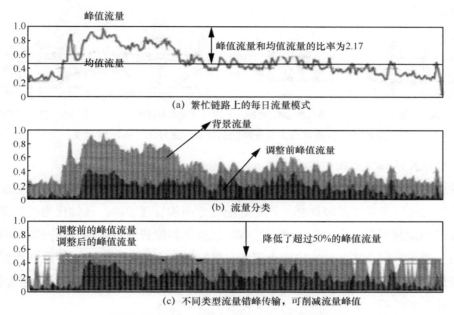

图 8-18　某骨干链路一天之内的链路利用率

图 8-18（a）显示了繁忙链路一天的负载情况，此链路的平均利用率低于 50％；进一
步观察流量的特征，将无服务质量需求的普通业务标记为背景流量，将不可调度的核心业
务标记为非背景流量，图 8-18（b）显示了区分的结果，可以看出背景流量占总体链路容量
的比例较大，即存在着一定的调整空间；图 8-18（c）显示了理想情况下，优先保证非背景
流量，而对背景流量进行见缝插针传输，即有可能降低整体的链路利用率的峰值，使之低
于 50%，从而节省了专用网络链路资源。

（2）Inter-DC WAN 的流量工程需求

传统 MPLS 流量工程的一个缺点是采用基于预约的方式分配路径资源，部署复杂、调
整不便。在由 R1~R7 路由器构成的简单网络中，如果依次到达 3 个流量 $\{F_A, F_B, F_C\}$，根据
传统流量工程依次分配可用链路容量最大的链路，得到的结果如图 8-19（a）所示，3 个流
量获得的路径跳数分别为 $\{2, 3, 5\}$，显然数据流 F_B 和 F_C 经历更长的路径时延。如果采用灵

活随时配置网络的 SDN 技术，即可以实现全局最优路径选择的方案，结果如图 8-19（b）所示，3 个流获得的路径跳数都为最短的两跳。

传统 MPLS 流量工程的另一个缺点是从基于网络资源利用率的角度调度流量，忽略了用户的体验性能。在 3 对<S, D>的源-目的节点对之间存在 3 个数据流，如果在其所通过的链路上实现链路级的流量公平分配，则任意两个数据流因为共享源-目的节点对之间的瓶颈链路，只能各获得 1/2 的链路容量，得到的结果如图 8-19（c）所示，最后 3 个数据流获得的等效吞吐量为{1/2, 1, 1/2}，从用户角度来看显著不公平。如果采用流量分配更加灵活的 SDN 技术，即可以基于数据流的公平分配方案，结果如图 8-19（d）所示，3 个流获得的等效吞吐量均为 2/3。

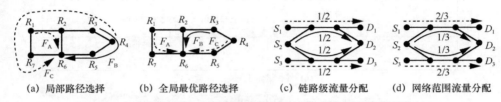

(a) 局部路径选择　　　(b) 全局最优路径选择　　　(c) 链路级流量分配　　　(d) 网络范围流量分配

图 8-19　传统流量工程在路径选择和流量分配方面的局限性

（3）SWAN 的体系架构与技术方案

微软所提出的 SWAN 的两个基本动机即降低 WAN 链路利用率的流量调度要求和提供传统流量工程难以满足的路径选择、流量分配等方面的管理功能。具体化为技术需求：构建一个灵活的控制平面，实现集中调控服务发送速率和配置网络路径；在控制平面，根据当前的服务需求和网络拓扑，决定每个服务可以发送多少流量，并配置网络的数据平面以承载该流量；当流量需求或网络拓扑发生改变时，更新网络数据平面配置以适配新的变化，并且保证这些更新不会因时延等原因引发短暂的链路拥塞。

图 8-20 显示了 SWAN 的体系结构。在网络设备（例如交换机 Switch）侧部署控制其转发行为的网络代理（network agent），在数据中心服务器侧部署控制其流量发送的服务代理（service broker），这两种设备都向 SWAN 的中心控制器（SWAN controller）报送当前状态并接受其配置。于是，上述 3 种组件相互作用，共同构建一个软件化的 SWAN 控制平面。

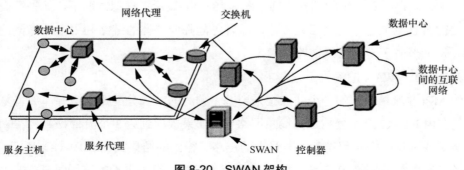

图 8-20　SWAN 架构

SWAN 具体包括以下几部分。

- 服务主机（service host）：估计每个应用服务的当前需求，并根据控制器分配的速率对其进行限制。在每个主机操作系统内部署一个软件应用，估计其发往远程数据中心（DC）的下一个 10 s 的网络通信需求，并向服务代理请求相关资源。该软件采用令牌桶约束发往每一个远程 DC 的通信速率，并使用 DSCP（差分服务代码点）以指示所需服务的优先级。

- 服务代理：每个非交互式服务都有一个代理，它聚合来自主机的需求并将分配到的速率分配给它们。从各服务主机收集流量需求并对其进行聚合，每隔 5 min 与控制器更新一次信息。服务代理软件根据控制器的分配结果，对服务主机的时隙进行进一步分配，保证各传输流的比例分配公平。每次分配的单元是 10 s，同时也是每个新到达主机必须等待的时隙。当服务代理的负载出现剧烈波动时，其可以随时主动向控制器请求额外的带宽资源。

- 网络代理：借助交换机跟踪拓扑和流量的变化。将有关拓扑变化的信息传递给控制器，并按照 OpenFlow 规则的粒度，每隔 5 min 收集和报告有关流量的信息。网络代理也负责根据控制器的要求更新交换机的转发规则，其检查每个转发规则是否成功通知交换机，并最终向控制器提交成功更新的消息。

- 网络控制器（network controller）：可以应服务代理的请求，测算在无须改变网络配置的情况下的可用带宽资源数量并对其进行分配。每隔 5 min 收集有关服务需求和网络拓扑的信息。计算对服务的分配结果，并通知给数据转发平面；当某个服务的资源分配需要减少时，向服务通知相关结果，等待 10 s 待服务降低其发送速率；当某个服务的资源分配需要增加时，改变转发平面的规则，并通知相关服务。

（4）SWAN 的测试与验证

微软搭建了一个测试床评估 SWAN 的性能和效果。测试床拓扑如图 8-21 所示，包括分布在全球的 5 个数据中心。每个数据中心配备了两个面向广域网链路传输的大型交换机（Arista 7050Ts 或者 IBM Blade G8264s）以及一个具备分配流量能力的内部路由器（Cisco N3Ks 或者 Juniper MX960s）。

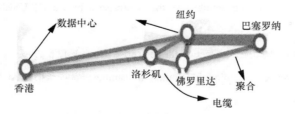

图 8-21　SWAN 测试床拓扑

测试过程中，每个数据中心都持续产生背景流量和每隔 3 min 变换的交互弹性流量，这些流量随机发起以模拟广域网所面临的流量压力。流量的分配需求被建模为一个多服务等级、多商品流的规划问题，控制器每隔 1 min 调用相关算法测算下一分钟内的流量分配方案。相关测试结果如图 8-22 所示。

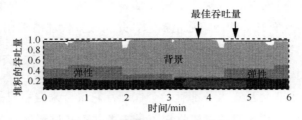

图 8-22　SWAN 测试结果

测试结果表明，SWAN 方案可以显著提升链路的利用率，使之获得平均 98%的链路利用率。图 8-22 中链路的吞吐量有若干次下降，并不是 SWAN 调度方面的原因，而是因为有的服务会试探请求更高的带宽，而实际到达流量却未能达到预期值。

通过具体案例分析可以看出，未来电信网络将逐渐从"高性能、大容量"向"快速业务创新、快速响应需求、快速故障定位"进行转变。以软件定义为最根本特征的 SDN 将成为运营商实现网络重构的重要手段，将 SDN 应用于广域网的技术趋势已被广泛认同和大量实践，它通过技术变革支撑商业转型，通过快速创新、实时优化、简化部署和按需服务体现了商业价值。

参考文献

[1] Forwarding and control element separation (ForCES) protocol specification: RFC5810[S]. 2010.

[2] LAKSHMAN T V. The SoftRouter architecture[Z]. 2004.

[3] MATTHEW C. Design and implementation of a routing control platform[Z]. 2005.

[4] GREENBERG A. A clean slate 4D approach to network control and management[J]. ACM SIGCOMM Computer Communication Review, 2005: 41-54.

[5] MARTIN C. SANE: a protection architecture for enterprise networks[C]//USENIX Security Symposium. [S.l.:s.n.], 2006: 10.

[6] MARTIN C.Ethane: a protection architecture for enterprise networks[Z]. 2006.

[7] MCKEOWN N. OpenFlow: enabling innovation in campus networks[J]. ACM SIGCOMM Computer Communication Review, 2008: 69-74.

[8] OFDPA 软件概述[Z]. 2017.

[9] 解析 SD-WAN 技术，企业级广域网未来之秀![Z]. 2019.

[10] HELLER, SHERWOOD R, MCKEOWN N. The controller placement problem[Z]. 2012.

[11] JIN X, LIU H H, GANDHI R, et al. Dynamic scheduling of network updates[Z]. 2014.

[12] SINHA Y, BHATIA S, SHEKHAWAT V S. MPLS based hybridization in SDN[Z]. 2017.

[13] TU X, LI X, ZHOU J. Splicing MPLS and OpenFlow tunnels based on SDN paradigm[Z]. 2014.

[14] POLVERINI M, BAIOCCHI A, CIANFRANI A. The power of SDN to improve the estimation of the ISP traffic matrix through the flow spread concept[J]. IEEE Journal on Selected Areas in Communications, 2016, 34(6): 1904-1913.

[15] GUO Y, WANG Z, YIN X. Traffic engineering in hybrid SDN networks with multiple traffic matrices[J]. Computer Networks, 2017(126): 187-199.

[16] HE J, SONG W. Achieving near-optimal traffic engineering in hybrid software defined networks[Z]. 2015.

[17] GUO Y, WANG Z, YIN X. Traffic engineering in SDN/OSPF hybrid network[Z]. 2014.

[18] Segment routing architecture: RFC8402[S]. 2018.

[19] Network working group marques request comments: RFC5575[S]. 2015.

[20] NTT Communications. NTT Com's "SDx+M" contributing to enterprise digital transactions formation[Z]. 2017.

[21] 韦乐平. SDN 的战略性思考[J]. 电信科学, 2015, 31(1): 7-12.

[22] JAIN S, KUMAR A, MANDAL S. B4: experience with a globally-deployed software defined WAN[J]. ACM SIGCOMM Computer Communication Review, 2013, 43(4): 3-14.

[23] HONG C Y, KANDULA S, MAHAJAN R. Achieving high utilization with software-driven WAN[J]. ACM SIGCOMM Computer Communication Review, 2013, 43(4): 15-26.

[24] 罗雨佳, 欧亮, 莫志威, 等. 基于 BGP 增强的流量调度技术[J]. 电信科学, 2016, 32(3): 20-27.

第 9 章

软件定义的数据中心网络

9.1 概述

9.1.1 数据中心的发展

随着互联网、移动互联网和物联网的飞速发展，云计算、大数据技术在各行各业中得到了广泛应用[1]。由于大量的数据被采集、存储和分析，企业应用的数据量呈爆炸性增长。IBM 研究表明，在目前整个世界的全部数据中，90% 的数据是最近两年产生的。大数据的挑战迫使通信行业和企业建立更多、更大的数据中心来应对大数据存储和计算的需求，数据中心已经成为战略性基础设施，全球掀起了建设数据中心的浪潮。根据 DCD Intelligence 研究[2]：2011—2013 年，全球数据中心行业整体投资规模分别达到 990 亿美元、1 160 亿美元和 1 350 亿美元。投资除用于新建数据中心项目外，也被用于现有机房设施的升级改造和外包服务。国内数据中心投资规模在 2016 年后持续保持 17% 的年增长率，在 2018—2019 年间，数据中心市场规模分别达到了 126.43 亿美元、149.80 亿美元，到 2020 年年底，预计将实现两千亿元的规模。

随着信息技术的不断发展，数据中心的内涵也发生了很大变化。数据中心的演变历史可以分为 4 个阶段：数据存储中心阶段、数据处理中心阶段、数据应用中心阶段和数据运营服务中心阶段。

（1）数据存储中心阶段

在信息化建设早期，数据中心主要用来进行数据存储和管理。在这一阶段，数据中心仅仅用来作为 OA 机房或电子文档的集中管理场所，以便于数据的集中存储和管理。由于此阶段的数据中心功能过于单一，用户对整体可用性的需求也低。

（2）数据处理中心阶段

由于局域网的快速发展，很多企业在自己的局域网上应用其信息系统，于是数据中心开始承担企业核心计算的功能。此阶段的数据中心面向核心计算，由专门的维护人员进行集中维护。

（3）数据应用中心阶段

随着广域网技术的迅速发展和互联网应用的大量普及，人们开始关注日益丰富的信息资源并对其进行挖掘和利用。这一阶段的数据中心也被叫作信息中心，其功能也由原来单一的核心计算向计算和业务运营支撑等方面转变，其主要特点是面向业务需求对外提供可靠的业务支撑和单向的信息资源服务；系统可用性和维护要求高，数据中心的管理进一步规范。

（4）数据运营服务中心阶段

随着互联网技术的不断发展，数据中心基础设施越来越组件化、平台化和智能化。企业利用信息化实现高度自动化，对数据中心依赖性加大。此阶段的数据中心承担着企业的信息资源服务、运营支撑、数据存储和备份等诸多功能，并保障其业务的可持续性增长。对外提供可靠的服务成为数据中心的首要任务，此时的数据中心也演变为企业的数据运营服务中心。

9.1.2　数据中心网络的特征与面临的挑战

随着越来越多的数据以及应用被汇合到云数据中心，数据中心内部数据流量占到了总数据流量的 80%，大部分是虚拟机之间的数据交换和存储等活动产生的流量。因此，云计算数据中心正慢慢发展为互联网流量中心。在数据中心市场持续变大的同时，单个数据中心的规模也在不断变大。微软、谷歌、腾讯和阿里巴巴等公司创建的数据中心内都存在着上万台物理服务器。早期的数据中心中每个物理服务器仅仅提供一个服务，带宽利用率比较低，在虚拟化技术大量使用之后，如今每个物理服务器可提供 10 个甚至上百个服务。服务器提供服务的时间相对集中将会导致数据中心网络流量激增，造成链路拥塞，因为服务迁移服务器之间会产生大量流量，可能造成链路拥塞，严重时可能导致网络出现瘫痪，这种情况会使数据中心服务性能下降，影响业务正常运行。虚拟化技术的大量使用以及单站点规模的扩大使得数据中心网络资源的管理需要更加高效。

传统数据中心网络由于网络和业务割裂，目前大部分配置是通过命令行或者管理员手工配置的，本身是一个静态的网络。当遇到需要网络及时做出调整的动态业务时，就显得非常低效，甚至无法实施。因此 SDN 技术以它的集中式控制架构、开放的网络能力等优点成为新一代数据中心的首选解决方案。

数据中心网络中资源管理的一个重要内容是负载均衡[3]，负载均衡是一个任务调度和资源分配的问题，在操作系统、计算机网络和分布式系统等领域都有大量的研究成果。在计算机网络方面，负载均衡问题可以分为网络链路负载均衡问题和服务器负载均衡问题。在数据中心中 80%的网络流的持续时间不会超过 10 s，不到 0.1%的流可能超过 200 s[4-5]。此外，网络拥塞也会经常发生，86%的链路会发生 10 s 以上的拥塞，15%的链路甚至会出现长达 100 s 的拥塞。在管理和维护数据中心资源时要做到负载均衡，以避免形成系统瓶颈或造成资源浪费。数据中心内的应用和服务多样，有完全不同的资源要求。比如，数据中心中运营了大量的时延敏感性应用，如搜索、流媒体等业务，要求数据中心能够在较短的时间内对用户请求进行响应。随着网络服务的普及和规模的攀升，像 Amazon、Google 和 Facebook 等科技巨头都对数据中心进行了广泛的部署和运用，用以满足其庞大的计算和存储需求。

传输需求大于网络资源必然会造成数据中心网络的拥塞，目前数据中心网络广泛使用的是有多个根节点的树形结构[6]，例如 FatTree[7]拓扑结构。在这种高连通度的网络拓扑中，任意两台主机之间存在多条物理路径，可以避免某些链路失效而导致的网络拥塞问题，并且可以增加网络的带宽和容错率。然而，云计算、大数据的发展所带来的大量数据备份、迁移操作使得数据中心内部流量快速增加，吞吐率低、网络负载均衡差等流量工程问题仍存在于高连通度的数据中心网络中。同时与 FatTree 类似的多根树拓扑的结构特点决定了网络不能很好地支持 one-to-all 及 all-to-all 网络通信模式，不利于部署 MapReduce[8]、Dryad[9]等现代高性能应用，会导致 TCP Incast（增量）[10]现象的发生，降低网络的带宽利用率并发生频繁的吞吐量波动。

本章以 SDN 技术为依托，针对数据中心网络面临的主要问题及相应的流量工程解决方案展开了介绍。先介绍了数据中心网络的典型架构，再从动态负载管理、TCP 拥塞控制和业务流量调度几个方面介绍了具体的相关解决方案，最后通过案例分析了 SDN 技术在数据中心网络中的实际部署与应用。

9.2　数据中心网络典型架构

9.2.1　物理网络拓扑

FatTree[11]拓扑是一种经典且常见的 DCN 拓扑，它将交换机组织成树形结构。FatTree 拓扑结构分为核心交换机、汇聚交换机和边缘交换机，利用有限的端口让多台交换机连接成两到三层的树形结构。如图 9-1 所示为 k=4 的 FatTree 网络拓扑，汇聚层和边缘层的 4 台交换机可构成一个 PoD（point of delivery）。PoD 由模块化组件构成，包括柜组、优化的配电、空调和布线。可以在 DC 中部署单个 PoD，也可以部署多个 PoD。每个 PoD 是独立的，可以在同一机房内为不同业务部署 PoD。与机房形式的设计相比，PoD 的设计更加简单、灵活和节能。

图 9-1　PoD 物理拓扑结构

FatTree 拓扑结构如图 9-2 所示，FatTree 网络拓扑共有 k 个 PoD，每个 PoD 包括 $k/2$ 台边缘交换机和 $k/2$ 台汇聚交换机；核心层共有 $k/2$ 台核心交换机，每台核心交换机共有 k 个端口，保证其和每一个 PoD 内的汇聚交换机都有且仅有一条连接，同时还要遵循不缺少、不重复的规律，即第 i 个 PoD 内的汇聚交换机连接着核心交换机的第 i 个端口。当需要接入更多服务器时，只需要横向水平扩展 PoD 的数目、增加交换机端口即可。FatTree 网络拓扑保证汇聚层与所有核心交换机都互通，所以可以拥有多条等价链路。因此，FatTree 架构能很好地支持大规模的服务器，满足了云数据中心迫切的扩展需求。如 $k=52$ 时，FatTree 架构能够支持的服务器总数为 35 152 台。由于在核心层上存在多条链路，FatTree 架构能及时处理网络负载，避免阻塞。

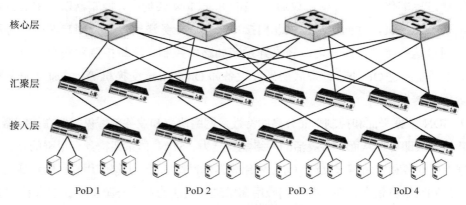

图 9-2　FatTree 拓扑结构

通过在各个 PoD 内合理分流，FatTree 架构也能避免过载问题。在 FatTree 中，可以使用相同类型的开关来节省硬件成本。此外，由于在任何两个服务器之间存在多条具有相同长度的路径，因此 FatTree 拓扑在理论上可以支持全二分带宽。但是，这种拓扑结构需要更多的交换机来维护树形结构，因此采用 SDN 来管理这些交换机是经济有效的。

FatTree 的对分带宽随着网络规模的扩展而增大，因此能够为数据中心提供高吞吐传输服务；不同 PoD 之间的服务器间通信时，源、目的节点之间具有多条并行路径，因此网络的容错性能良好，一般不会出现单点故障；采用商用设备取代高性能交换设备，可大幅度降低网络设备开销；网络直径小，能够保证视频、在线会议等服务对网络实时性的要求；拓扑结构规则、对称，有利于网络布线及自动化配置、优化升级等。

FatTree 结构也存在一定的缺陷：FatTree 结构的扩展规模在理论上受限于核心交换机的端口数目，不利于数据中心的长期发展要求；在 PoD 内部，FatTree 容错性能差，对底层交换设备故障非常敏感，当底层交换设备发生故障时，难以保证服务质量；拓扑结构的特点决定了网络不能很好地支持 one-to-all 及 all-to-all 网络通信模式，不利于部署 MapReduce、Dryad 等现代高性能应用；网络中交换机与服务器的比值较大，在一定程度上使得网络设备成本依然很高，不利于企业的经济发展。

9.2.2 软件定义数据中心网络框架

OpenFlow（OF）是迄今为止 SDN 在数据中心网络应用的最重要的具体实现方案，如图 9-3 所示。OpenFlow 协议是目前 SDN 控制器与转发设备的主流通信接口协议，允许 OpenFlow 交换机（OpenFlow switch，OFS）和 OpenFlow 控制器（OpenFlow controller，OFC）直接访问和操作数据平面的网络设备。OpenFlow 协议将网络转发设备抽象为一个多级流表（flow table）驱动的转发模型。转发模型包括两个重要过程，即实施策略和执行操作。OpenFlow 解决方案由 OpenFlow 交换机和 OpenFlow 控制器两部分构成，控制器和交换机之间通过标准化 OpenFlow 协议通信。在 OpenFlow 架构中，控制器以集中的方式控制其域内的多个交换机，并向用户提供北向接口来实现业务逻辑，支持用户网络业务和应用的研发。通过这些接口，用户可以轻易开发诸如路由控制、流量控制和安全控制等网络应用功能。控制器通过 OF 协议管理底层硬件设备如 OpenFlow 交换机等，并通过流表操作[12]实现对数据的转发。

由于 SDN 数据平面和控制平面分离的特性，网络协议和业务部署仅需要在控制器上进行集中的软件升级即可，从而具备灵活的网络配置能力。SDN 体系架构具有很强的开放性，用户可根据上层业务和应用需求灵活地订制网络资源和网络功能。上层应用软件能够通过北向可编程接口控制网络流量和资源，并依据应用需求进行灵活的网络资源调度。该架构主要包括数据平面（data plane）、控制平面（control plane）、应用平面（application plane）及控制管理平面（management admin plane）。其中，各平面在功能上相互独立，通过网络接口进行协调工作。汇聚层和接入层作为 SDN 的控制平面，核心层通过 OpenFlow 协议连接数据平面。启用 SDN 的数据中心网络体系结构如图 9-3 所示。

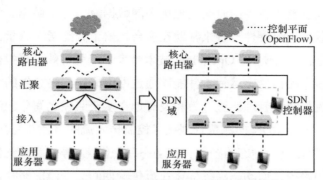

图 9-3　启用 SDN 的数据中心网络体系结构

OpenFlow 架构中的控制功能全部由控制器来实现，而 OpenFlow 交换机则负责在本地做简单高速的数据转发工作。在 OpenFlow 交换机的数据转发过程中，转发的依据就是流表。流表可以理解成 OpenFlow 对网络设备的数据转发功能的一种抽象。不同于传统网络设备，OpenFlow 交换机中使用的流表在它的表项中整合了网络中各个层次的网络配置信息，从而可以使用更多的规则进行数据转发。OpenFlow 交换机中有多个流表，并且通过流水线来处理数据分组。当 OpenFlow 交换机接收到数据分组后，立即进入数据分组处理流水线，数据分组从第一个流表开始匹配，把被匹配流表中能匹配所有数据分组的最靠前的流表项称为命中表项，一般会把流表中最后一个表项配置为能匹配所有的数据分组，其优先级最低。若与所有流表项匹配不成功，此数据分组将被丢弃。匹配成功后，命中表项中的指令将会被执行。修改数据分组，把操作加入操作集，把数据分组发到后面的流表进行处理。若命中表项中的指令没有指定下一个流表或组表，则流水线处理结束，最后执行与数据分组关联的操作集。

网络的控制功能集中在中间层控制器的控制器软件上。对于下层转发层，即基础设施层，控制器负责对硬件进行管理并维护一张网络全局视图，控制数据的转发。控制器对网络状态信息的集中式管理，使得管理者能够轻易地利用 SDN 控制程序实现对网络资源的灵活管理、配置和优化；对于上层应用层，控制器接收网络应用的 API 指令实现和部署常见的网络服务，如路由、访问控制、流量工程和多播等。开放 API 使得上层网络应用能够对一个抽象的网络进行操作，充分利用其功能和服务，最终实现网络资源的最优化。

9.3　数据中心网络负载均衡技术

数据中心的运行依赖于巨大的计算资源和带宽，这些资源和带宽经常面临高运行成本、频繁的链路拥塞以及不平衡的业务负载。在数据中心网络中，如何平衡工作负载是网络应用快速增长的关键问题。

负载均衡是流量管理领域高度重视的问题。网络负载均衡的目的是在多个路径之间均匀地分配流量，从而能够用较少的时间处理更多的数据流。为了避免服务器上的拥塞，许多数据中心使用负载均衡器硬件设备来帮助在多台机器上分配网络流量。然而，这些装置往往过于昂贵，不能被广泛使用。OpenFlow 技术带来了一种有效可负担得起的解决方案来控制网络流量，在多个路由器上运行软件能够通过网络确定网络分组的路径。基于软件定义网络（SDN）的流量负载管理通过有效和及时地在多个路径之间分配流量来改进对资源的访问。在数据中心，基于 SDN 的流量管理技术控制传入流的路径并在其传输期间优化流。基于 SDN 的路径优化可分为静态路径优化和动态路径优化：静态路径优化意味着不能在流传输过程中改变流的路径，而动态路径优化在流传输期间改变流的路径。简单的静态路径优化方法包括常见的算法，例如 Round Robin、随机、最小流量和最小时延。因为网络配置可能在数据传输期间改变，静态路由路径经常出现性能较差的情况，因此提出一系列在传输过程中动态平衡流量的方案。

9.3.1　LABERIO

LABERIO（load-balanced routing with OpenFlow）是在 2013 年由 Long 等[13]提出的，这是在 OpenFlow 网络中进行流量传输的中途进行路径切换的第一项工作。此前主要采用的路径优化方案都为静态的，如 Round Robin[14]和 LOBUS[15]等。

该方案利用一种新颖的集成优化算法在支持 OpenFlow 的网络中动态实现全局负载平衡，它旨在提高整体文件传输性能，最大限度地减少时延和响应时间，并通过更好地利用可用资源来最大化网络吞吐量。OpenFlow 有一些局限性，Wang 等[16]已经讨论过。例如，它不支持基于哈希的路由作为到目前为止在多个路径上传播流量的方法。因此，提出的 LABERIO 更多地依赖灵活的负载平衡算法来适应不同的不平衡情况，以避免原始 OpenFlow 协议的不足。

理论上 LABERIO 在保证最大化吞吐量的同时可以更好地减少总传输时间。它们在两种不同的环境中描述了 LABERIO 的实现：对非阻塞完全填充网络拓扑和 FatTree 网络拓扑进行了对比研究，实验结果表明，在多种传输模式下，该算法的性能一般优于其他经典算法。

LABERIO 根据数据中心网络中链路的当前可用带宽，在所有可能的路径中选择其瓶颈链路的可用带宽最大的临时路径。

环境中考虑的一般网络拓扑（模型 A）包括第 1 级的 2 个核心交换机、第 2 级的 4 个 Aggr（聚合）交换机、4 个 ToR（机架顶部）交换机以及第 3 级的 16 个终端主机：h_1~h_{16}，如图 9-4 所示。

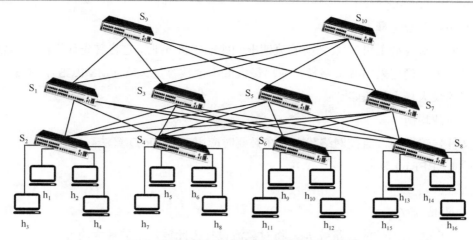

图 9-4 模型 A：三级无阻塞完全填充网络

在现有网络中经常使用的另一个模型（模型 B）是 FatTree 拓扑，如图 9-5 所示。FatTree 拓扑具有许多属性，对大规模互连和系统区域网络具有吸引力。这种拓扑结构能够针对不同的尺度进行扩展，并且还提供两个处理节点之间的冗余路径。假设 QoS 数据流是通过最小带宽需求来衡量的，每个链路 L_i 都可以以容量率 C_i 传输数据，无论是单向还是双向的。网络中的所有交换机都是 4×4 交换机，支持 OpenFlow 协议。一旦流被移动到另一个路径，分割的子流不需要以原始序列顺序到达。每个子流都用序列号标记，以指示其在原始流中的位置，这有助于在子流到达目标端主机后重新排序子流。终端主机将在传输之前为流设置优先级权重值，这是根据流的紧急性和重要性以及最终主机的服务优先级来完成的。为了解决这个问题，将工作分为两个阶段：终端主机调度阶段和负载均衡路由阶段。

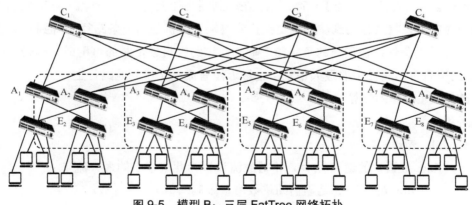

图 9-5 模型 B：三层 FatTree 网络拓扑

由于在流传输期间需要平衡负载，设计算法 LABERIO 为繁忙的链路找到备用链路。此算法可以平衡工作负载并实现更高的吞吐量。首先给出适用于完全填充网络模型的算法，然后对其进行修改以适应更灵活的情况。

算法主要分为以下两个阶段。

（1）初始路径选择

当控制器从终端主机 h_1 收到新的流请求到终端主机 h_7 时，它将首先计算流的初始临时最佳路径。为了确定采用哪条路径，应用最大最小余数容量策略（MMRCS），该策略基于广泛使用的最大最小值策略[20]。

（2）负载均衡

在文件传输期间，监控网络状态并在必要时应用 LABERIO 算法。

单跳 LABERIO 算法

主进程：

    while $\delta(t) > \delta^*$

      find 最繁忙的链路$<i, j>$，将对象流设置为此链接上的最大流 f_k；

        从$<i, j>$的开头查找到结尾，找到 f_k 的替代路径；

          find （$P_1, P_2, P_3, \cdots$）中最轻载的路径 P_l，$P_1, P_2, P_3, \cdots$ 都可提供从 i 到 j 的连接；

          end

        end

    end while

在另一种情况下，考虑 FatTree 拓扑。当流量均匀分布在所有链路中时，放弃了单跳替代方法，因为这里的替代路径与原始路径相比至少增加了 4 跳（hop）。在这里，决定将对象流切换到一个全新的路径上，并将其命名为 multi-hop LABERIO（多跳 LABERIO）。在多跳 LABERIO 中，以一个频率（比如 1 000 ms）扫描每个链路的使用情况。在每个间隔中，如果存在，则挑选出过载的链路（通过链路上的带宽测量提醒）将其设置为路径切换的对象流。这里的切换策略处于更高层次，在端到端路径上工作。一旦流（从 h_1 发送到 h_{20}）被标记为对象流，将其移动到从终端交换机到终端交换机的另一条路径（E_1 到 E_4）上。新路径应满足以下条件：在最新的负载检测期间，该路径最繁忙跳的可用或空闲带宽应为从 E_1 到 E_4 的所有可用路径中的最大带宽；且最近没有流量切换到此路径上。

修改单跳 LABERIO 算法

主进程：

    while $\delta(t) > \delta^*$

      find 最繁忙的链路$<i, j>$，将对象流设置为此链接上的最大流 f_k；

        while $h_{f_k} > 3$（3 是预估的跳数增量限制阈值）

          丢弃它，并将对象流设置为$<i, j>$上的下一个最大流 f_k；

        end while

        find f_k 的替代路径，从$<i, j>$的开头查找到结尾，i.e., $i \rightarrow m \rightarrow \ldots \rightarrow j$；

          find （$P_1, P_2, P_3, \cdots$）中最轻载的路径 P_l，$P_1, P_2, P_3, \cdots$ 都可提供从 i 到 j 的连接；

          end

```
        end
      end
   end  while
```

针对主要流量分布在 PoD-PoD 跳跃及热点流量以及负载非常不对称的情况,分别进行内部对称传输流实验,对总传输时间及带宽利用率进行比较,大量实验结果表明,LABERIO算法比其他替代算法性能更好。

但由于 LABERIO 路径优化算法依赖于网络的拓扑结构,如果网络拓扑变化,必须修正 LABERIO。此外,因为 LABERIO 只考虑链路负载方差瞬间值来触发其路径优化算法,可能会被很短时间内的极大值影响。因此,LABERIO 可能无须改变流路径。

9.3.2　DLPO

DLPO(dynamic load-balanced path optimization)算法[17]是一种基于 SDN 的数据中心网络拓扑结构的动态负载均衡路径优化算法。DLPO 改变了流传输过程中的流量路径,实现了不同链路间的负载均衡,有效地解决了基于 SDN 的数据中心网络中的网络拥塞问题。

DLPO 算法由多链路 DLPO 算法和单链路 DLPO 算法组成:多链路 DLPO 算法可以快速平衡网络中的链路负载以解决一些拥塞路径,而单链路 DLPO 算法可以重新给流选择路由,以避免使用负载较大的链路,以解决多链路 DLPO 算法无法处理的拥塞路径的问题。

DLPO 由路径初始化阶段和动态路径优化阶段两个阶段组成,每个阶段的具体工作内容如下。

(1)路径初始化阶段

在这一阶段,DLPO 会根据每个路径的瓶颈链路的可用带宽找到临时路径,在源主机和目标主机之间所有可能的路径中,其瓶颈链路的最大可用带宽将被选为临时路径。

(2)动态路径优化阶段

在这一阶段,DLPO 会改变路径流在流传输链路上的负载,重新解决数据中心网络中的拥塞问题。DLPO 使用 OpenFlow 协议从交换机中检索负载统计,并检测负载平衡状态。如果数据中心网络中的链路负载不均衡,将触发路径优化算法来平衡链路负载。

DLPO 使用链路负载方差的 SMA 触发动态路径优化机制,而 LABERIO 采用瞬时值。此外,所提出的基于优先级的流表更新策略可以帮助避免流路径的改变而导致的分组丢失。因此,与其他替代方法相比,DLPO 在平均流吞吐量和平均链路带宽利用率方面都具有更好的性能。基于优先级的流表更新策略如图 9-6 所示。

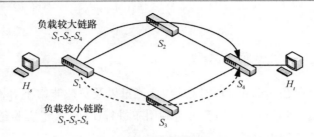

负载较大链路
S_1-S_2-S_4

负载较小链路
S_1-S_3-S_4

图 9-6　基于优先级的流表更新策略

9.3.3　DLB

DLB（dynamic load balancing in SDN-based data center）算法[18]是另外一种基于 SDN 的动态负载管理算法，在考虑流优先级的同时优化 DCN 中的链路利用率。该算法从每个主机中找到最短路径，并计算每个链路的成本。当某一路径发生拥挤时，用链路成本最小、交通流量最小的备选最优路径代替原有路径。该算法通过计算给定时间链路的最小传输开销来执行 DCN 拓扑中的负载平衡。DCN 具有很高的多径能力，因此使用了 Dijkstra 算法来发现相同长度的多条路径，并将搜索缩小到拓扑中的小区域中。对所选择的路径按优先级进行排序，选择具有最小成本和负载的路径，并在该路径上转发交通流。然后，新的流规则被推到虚拟交换机（OVS）中[19]来更新交换机转发表。

DLB 收集网络统计信息，通过分析所有备用路径上的可用带宽来确定流的最佳路径以及数据传输所需的最高级别的交换机，例如，同一机架内的终端主机间数据传输需要接入机架顶部（ToR）交换机，同一 PoD 内的主机间数据传输需要接入聚合交换机，不同 PoD 内的主机间数据传输需要接入核心交换机。负载均衡器将流调度到传输方向上的最高级别的交换机，从该交换机到目的地的路径在 FatTree 拓扑中是确定的。该算法仅对新产生的流有利，如果交换机自身转发表中没有指定的流路径，则交换机与负载平衡控制器进行交互，否则交换机将忽略当前链路现状，根据现有流规则来转发分组。

该仿真揭示了该算法通过减少往返时间来实现更低的时延，通过增加可用链路带宽来实现更高的吞吐量以及更低的分组丢失率，可以增强最终用户的体验质量并且能够更好地使用底层基础设施。

9.3.4　L2RM

L2RM（low-cost，load-balanced route management framework）[20]是一个低成本的负载均衡路由管理框架，同时兼顾了流量优先级。L2RM 不断监视网络流量，并计算负载偏差参数，以检查交换机的某些链路是否负载过重。然后，根据需要触发自适应路由修改（ARM）

机制，该机制考虑流表的大小限制，使用 OpenFlow 中的组表在不同链路之间分配流以平衡它们的负载。此外，L2RM 使用动态信息轮询（DIP）机制来查询交换机的状态，从而减少控制器的消息开销。

通过 MINET 仿真，证明了 L2RM 框架与其他基于 SDN 的 FatTree DCNS 方法相比，可以更好地提高链路利用率，减轻表溢出，并降低消息成本。如图 9-7 所示，L2RM 框架利用 3 个表来存储路径、负载和交换机的信息，帮助控制器获得网络状态。根据链路的业务负载，L2RM 计算负载偏差参数，检查是否存在潜在拥塞。如果是，则调用自适应路由修改机制来通过备选路径重新转发路由分组，并将拥塞链路的负载信息分享出去。为了节省控制器的开销，还开发了动态信息轮询机制来调整控制器查询交换机信息的时间周期。第一，仅在必要时使用动态负载偏差参数调用 ARM 机制。这样，不仅节省了运行 ARM 机制的成本，而且保持了网络的稳定（因为流量的路由不会频繁变化）。第二，ARM 机制帮助交换机从其流表中移除旧条目，以避免缓冲区溢出。此外，它通过修改 OpenFlow 定义的组表中的 bucket 权值来修正业务流的路径，该设计重量轻、成本低。第三，DIP 机制应用指数退避的思想来调整查询周期，在保持交换机中信息准确性的同时，也可以减少控制器的开销。这些特征区分了 L2RM 框架和现有解决方案，并做出了贡献。仿真结果表明，L2RM 在链路利用率、表溢出和消息开销方面优于其他为 FatTree DCN 开发的、基于 SDN 的方法，其中包括了循环方法、LABERIO 方法和 DLPO 方法。

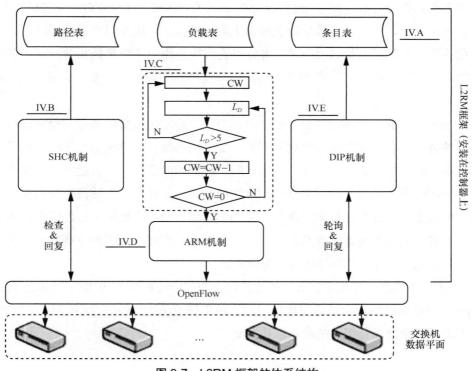

图 9-7 L2RM 框架的体系结构

将 L2RM 与 3 种基于 SDN 的方法：DLB、LABERIO 和 DLPO 分别从链路利用率、表溢出和消息开销等方面进行了比较，结果见表 9-1（具体过程不再赘述）。通过模拟不同流量场景，证明了 L2RM 可以提高链路利用率、平衡流量负载、节省表空间、减少阻塞的数据分组，并缓解表溢出事件。

表 9-1　几种方案对比情况

方案	特点
LABERIO	依赖于网络拓扑，可能由于瞬时值发生不必要的改变
DLPO	拓扑依赖性低，以一段时间平均值为依据进行改变
DLB	侧重考虑流优先级
L2RM	链路利用率较高，开销较小

9.4　数据中心网络拥塞控制技术

大型数据中心在支持不断增长的计算和存储需求方面发挥着重要作用[21]。在数据中心中经常观察到多对一业务通信模式，许多服务器同时向汇聚服务器发送所请求的数据。对于许多重要的数据中心应用程序，例如 MapReduce 和 Search，这种多对一流量模式很常见，这会增加响应时间，还可能导致瓶颈交换机上的过度拥塞，淹没浅交换机缓冲区，并导致大量分组丢失，传输控制协议（TCP）将分组丢失视为路径中严重拥塞的指示，并强制发送方大幅降低发送速率，这导致 TCP Incast 现象及严重的吞吐量崩溃，从而恶化数据中心的性能。

TCP Incast 问题最早出现在分布式文件系统中，在实现事务的查询与检索过程中，会发生这样的情况：客户端需要接收到所有请求数据块的服务器请求单元之后才能继续发送下一个请求，这种机制会造成缓冲区溢出，数据频繁超时重传。一旦超时重传发生，客户端需要等待超时重传的服务器请求单元到达才能响应新的任务，在这段时间内相关链路处于绝对空闲状态，网络吞吐量和时延[22]会受到明显的影响。在数据中心网络中，多对一是主要传输模式，上述问题就显得尤为严重，TCP Incast 直接导致了网络拥塞的发生，降低了网络的带宽利用率并产生频繁的吞吐量波动。

SDN 的集中式性质提供了以有效的方式解决数据中心网络中的 TCP Incast 问题的机会，如图9-8通过调整TCP参数或在数据中心中使用修改/定制版本的TCP来解决TCP Incast 问题。下面从两个方面介绍一些相关解决方案。

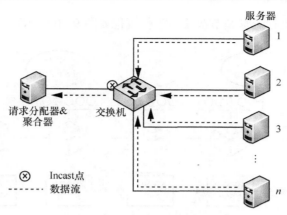

图 9-8　TCP Incast 方案

9.4.1　TCP 参数改进

在网络中可以调整的最常见的 TCP 参数是确认分组中的 RWND/AWND 字段。由于 TCP 发送方的速率受限于当前 CWND 和 RWND 的最小值，因此可以通过发送较小的 RWND 值来限制发送方，该值反映了沿路径到目的地的瓶颈链路能够承受的负荷。

（1）SCCP

SCCP（scalable congestion control protocol）基于 SDN 技术，通过扩展 OpenFlow 规范来测量遍历 SDN 交换机输出端口的所有 TCP 流的流占比，测量出的流占比通过 TCP AWND 被传送回 TCP 发送方。

SCCP 操作模型如图 9-9 所示，假设链路容量为 1 Gbit/s，流量的通用 RTT 为 200 μs，则每个端口的 BDP 为 25 000 byte SDTCP。SCCP 检查启用 SDN 的交换机上发出的 TCP 分组，以计算经过该交换机的 TCP 流的数量，它负责检查所有的 TCP SYN 和 FIN 数据分组。链路上的流占比是通过将链路的带宽与时延的乘积（BDP）除以遍历链路的流数量来计算的，BDP 是链路容量乘以所有流的共同 RTT。在计算流占比之后，将每个流的 TCP 报头中的流占比与 AWND 做比较：如果 AWND 的广告价值超过所计算的流占比，它将以占比率数值代替 AWND 的价值。每个交换机对所有的 ACK 执行此检查，因此，每个 TCP 发送机在接收到 ACK 分组时都知道其在瓶颈链路上的流占比。

SCCP 可工作在支持 OpenFlow 1.5.0 版本的传统 SDN 交换机上，而不需要对主机或其应用程序进行任何修改。

（2）SDTCP

SDTCP（SDN-based TCP）[23]的目的是在发生小流拥塞时，最大限度地减少背景大流的占比。类似于 SCCP，它通过改变交换机中的 TCP 报头中的广告窗口——"AWND"来控制发送速率。然而，与 SCCP 相比，它们在启用 SDN 的交换机上采取的状态维护操作是不同的，由控制器来进行流量调节决策，工作流程如图 9-10 所示。

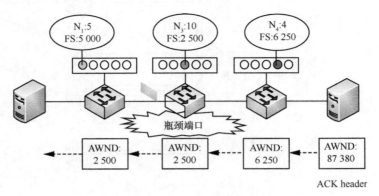

图 9-9　SCCP 操作模型

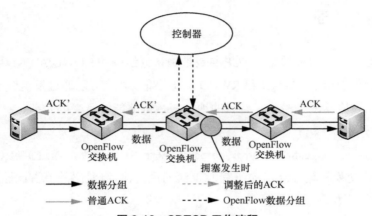

图 9-10　SDTCP 工作流程

SDTCP 主要包括以下 4 个主要步骤，整体架构如图 9-11 所示。

① 网络拥塞触发器根据队列长度确定网络是否拥塞。一旦发现网络拥塞，它将向控制器发送拥塞通知消息。拥塞触发器基于交换机的队列长度计算拥塞程度，发出拥塞通知。

② 流选择：SDN 控制器基于流量的大小和时长选出大流和长队列流量，SDTCP 将大小为 1 MB 的流量和历时为 1 s 的流量分类为大流。

③ 流速率控制：控制器采用类似于 SCCP 的瓶颈计算方法，计算所有背景流占比率。根据拥塞程度调低所选的背景占比流量，从而为突发流量提供更大的带宽。

④ 控制器生成并安装交换机的新的流表条目。流匹配和调节部分同样类似于 SCCP，其中控制器和 OpenFlow 被修改以标识 TCP 连接建立，创建新消息通知拥塞级别并修改 TCP 报头中的 AWND 值。SDTCP 不需要对主机进行任何修改，但是在交换机和控制器之间携带 OpenFlow 控制流量的开销。此外，它在 SDN 控制器上根据流量特性执行流分类。它假定所有的 ACK 都会跟随转发数据访问相同的交换机。SDN 控制器可以调度 ACK 确保这些 ACK 遍历数据访问的所有交换机。

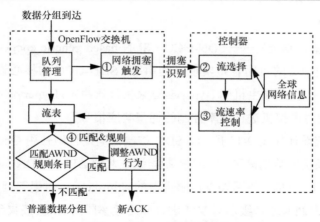

图 9-11 SDTCP 整体架构

9.4.2 基于主机/管理程序的方案

（1）OTCP

OTCP（omniscient TCP）[24]使用 SDN 的集中管理能力来计算 TCP 颗粒度以及 TCP 的拥塞控制参数，然后将这些参数发送给所有主机使用。建议采用与网络时延匹配的适当颗粒度的 TCP 重传定时器来触发对分组丢失的早期响应。此外，初始拥塞窗口和最大拥塞窗口应该取决于该特定主机对的 BDP，这将防止导致 TCP Incast 的同步流引起缓冲区溢出。

OTCP 架构概览如图 9-12 所示。OTCP 使用带有时间戳的 OpenFlow 发现协议（OFDP）来发现交换结构的拓扑和空闲时延。控制器设置最小超时重传时间（RTO_{min}）等于主机之间的往返时间。两台主机之间的 BDP 是通过将 RTT 与主机之间路径上的最低链路速率相乘来计算的。最大拥塞窗口（$CWND_{max}$）设置为主机之间的 BDP。当在多个流之间共享路径时，每个流的最大拥塞窗口应除以链路中的活动流的数量。控制器公开 JSON/REST 北向 API，并分发这些拥堵控制参数。用户运行 Daemon 程序以连接到此控制器 API。

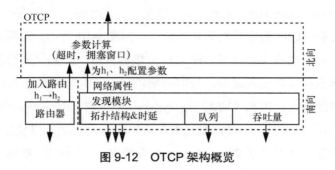

图 9-12 OTCP 架构概览

评估结果表明 OTCP 可以减轻 TCP Incast 问题，同时减少流量完成时间。但是，这种改进的代价是主机需要的内核级别修改以及交换结构上时延测量的额外开销。

（2）SDN-GCC

一种通用的拥塞控制架构——SDN-GCC（SDN-based generic congestion control）[25]利用 SDN 技术使数据中心的可用容量实现高利用率。SDN-GCC 的核心设计是由 SDN 控制器来做拥塞控制的决定，终端主机的 Hypervisor 来执行该决定。Hypervisor 所在的 shim-layer 从 SDN 控制器接收对虚拟机进行速率控制的拥塞响应信号。

SDN-GCC 系统设计如图 9-13 所示。SDN 控制器周期性地使用 OpenFlow 来收集网络状态，观察每个交换机的输出队列。SDN 控制器通过北向 API 和 SDN-GCC 应用进行通信。一旦检测到拥塞，SDN-GCC 将通知发送服务器的 shim-layer，对引起拥塞的 VM 进行速率限制。shim-layer 根据拥塞通知级别对 VM 进行应用速率限制。如没接收到更多的拥塞消息，它又开始逐渐调高 VM 的应用速率。

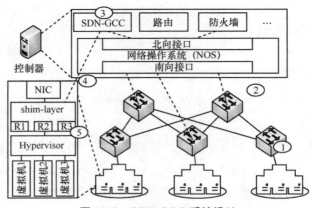

图 9-13　SDN-GCC 系统设计

shim-layer 上的 Hypervisor 基于宿主机容量对所有虚拟机进行带宽分配，当 SDN 控制器指示拥塞开始时，Hypervisor 将重新分配带宽。SDN-GCC 不需要在主机上对 TCP 协议栈进行任何改变。

（3）SICC

SICC（SDN-based incast congestion control）是一种基于队列的拥塞控制监控架构，SDN 控制器主动监控交换机的队列来预测拥塞的发生。如图 9-14 所示，控制器计算在某个时间间隔内一个交换机上接收的 TCP SYN 和 FIN 分组的数量，如果队列长度超过某个预设的阈值，则发出消息表明即将发生聚合。控制器将消息发送到发送端主机，将发送速率限制为 1 ms。此消息被服务于虚拟机（VM）的 Hypervisor 拦截，Hypervisor 启动接收窗口重新标记指向该 VM 的所有 ACK。这样，发送端被迫以低速率发送，以使受影响的队列消失。一旦队列长度低于缓冲区容量的 20%，Incast 事件消失，控制器发送 Incast OFF 消息将发送速率恢复到预设的 Incast 值。如果接收到 Incast ON 消息，则 Hypervisor 将重新编写 TCP ACK 分组的接收窗口字段，并在接收到 Incast OFF 消息或小流的典型完成时间到期时停止标记。控制器与 Hypervisor 之间将创建通信信道以进行程序管理，无须对主机 TCP 堆栈或 SDN 交换硬件进行任何更改。SICC 对穿过瓶颈交换机的所有流（大小流）应用进行限流，因此与 SDTCP 相比，不会对大流的吞吐量造成太严重的损害。

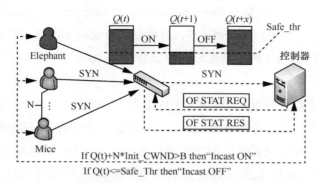

图 9-14　构成封闭控制循环的 SICC 框架组件交互的详细示意图

对几种协议进行了对比，结果见表 9-2。

表 9-2　协议对比

协议	拥塞控制方法	拥塞检测位置	反应器位置
SCCP	端口流量计数	交换机	交换机
SDTCP	队列阈值	交换机	交换机
OTCP	网络数据	控制器	终端主机
SDN-GCC	交换机队列监控	控制器	管理程序
SICC	交换机处队列阈值	控制器	管理程序

9.5　数据中心网络应用层流量调度

数据中心网络的发展趋势与云计算密切相关，而 Hadoop 是云计算技术中重要的组成部分。Hadoop 是一个能够对大量数据进行分布式处理的软件框架，它的分布式计算框架被称为 MapReduce，它利用 Hadoop 分布式文件系统（HDFS）的分布式存储架构，为任意算法提供可扩展、可靠的并行处理服务。Hadoop 中 MapReduce 计算的 shuffle 阶段包括将中间数据从 mappers 移动到 reducers。由于带宽不足，数据在 mappers 与 reducers 之间传输经常时延，从而降低了集群的性能。

MapReduce 的执行模型有两个阶段：map 和 reduce，都需要跨节点移动数据。map 任务可以并行运行，并分布在可用的节点上。在 job 开始之前，存储在 HDFS 中的输入数据被划分为数据集或 split，将 map 任务分配给接近该 split 的节点上的 TaskTracker。当 TaskTracker 提取输入的 split 数据时，map 计算开始，TaskTracker 根据程序员提供的 map 函数处理输入数据，以<key, value>元组的形式生成中间数据，并将它们分配给 reduce 任务。在 reduce 阶段，执行 reduce 任务的 TaskTracker 从执行 map 任务的 TaskTracker 处获取中间数据，合并不同的分区，执行 reduce 计算，并将结果存储回 HDFS。Hadoop 流量的突发性质、整体网络速度和 Hadoop 的可靠性设计都会影响 Hadoop 的性能，许多行业的研究人员正在解决这些问题。

Hadoop 中的网络流量可以分为几类：HDFS 与客户端间读取和写入、HDFS 复制数据和 TaskTracker 之间的交互，包括 Hadoop shuffle 流量和 Hadoop 在 HDFS 和 TaskTracker 之间的分割流量，Hadoop 结果存储在 HDFS 中产生的流量，NameNode 和 DataNode 之间的交互流量以及 JobTracker 和 TaskTracker 之间的交互流量。除了这些流量类别之外，群集还可以是多用途群集，并且可以同时运行其他应用程序。此后台流量也会影响 Hadoop jobs 的完成时间。如果连接 Hadoop 集群的网络能够及时有序地提供数据，并且应用程序（Hadoop）能够根据其对不同类别的流量的需求来控制网络，那么应用程序可以同时执行更多操作，从而改善其性能。在 Hadoop 集群中，网络的特性是先验已知的，并且可以用于建立更高性能的网络，类似于早期的异步传输模式（ATM）网络，能够设置类似于电路交换的流路技术是 ONF 的 OpenFlow。

（1）OFScheduler

Li 等[26]提出的 OFScheduler，旨在通过 OpenFlow 解决 MapReduce 中次要流量抢占主要流量带宽的问题。shuffle 流量会直接影响 job 的完成时间，是 MapReduce 的主要流量，MapReduce 中还会存在一些为了可用性而设计的 replication 流量（本书中称为 load balancing 流量），它们属于次要流量。load balancing 流量和 shuffle 流量都是带宽密集型的，如果 load balancing 流量占据了过多的链路带宽，就会影响到 shuffle 流量的传输。

OFScheduler 解决这一问题的思路是：MapReduce 应用在将流量发送到网络之前，先进行 load balance 或者 shuffle 标记；如果某条链路出现了拥塞的兆头，就将该链路上的 load balancing 流量转移到其他轻载链路上，以避免影响该链路上 shuffle 流量的传输；如果无法找到合适的轻载链路，就对该链路上的 load balancing 流量进行限速。

① OFScheduler 要求应用使用 ToS 对流量进行标记，在流表中额外匹配 ToS 来对 load balancing 流量和 shuffle 流量进行区分。

② OFScheduler 会轮询交换机中的 counter（计算器）以获得链路的实时带宽，对于链路利用率超过阈值的 busy link（繁忙链路），下发流表将通过该 busy link 将正在传输的部分或者全部 load balancing 流量转移走，使得该 busy link 的链路利用率降低到网络中链路的平均水平，并且不允许引入新的拥塞。

③ 如果②中条件不能实现，那么 OFScheduler 会对 busy link 上的 load balancing 流量

进行限速，默认会限制到 10 kbit/s 以下，等到该 busy link 上 shuffle 流量下降之后，再取消对这些 load balancing 流量的限速。

（2）BASS

在实际的 Hadoop 系统中，一种对整体性能产生重大影响的问题被称为 NP-complete 最小跨度制造问题。一个主要的解决方案是在数据本地节点上分配任务以避免链路占用，因为网络带宽是稀缺资源。提出了许多用于增强数据局部性的方法，但是，这些方法都忽略了任务分配需要以可用带宽作为调度基础，在全局视图下完成。

随着大数据处理的新趋势的出现和 SDN 的发展，将 SDN 的带宽控制能力与 Hadoop 系统相结合，以开发具有高效率和灵活性的优化任务调度解决方案，改善大数据处理的工作完成时间。

BASS（bandwidth-aware scheduling with SDN）[27]是一种启发式带宽感知任务调度器带宽调度，将 Hadoop 与 SDN 相结合，它不仅能够保证全局视图中的数据位置，还能够以优化的方式有效地分配任务。它首先利用 SDN 来管理带宽并以时隙（TS）方式分配；然后，BASS 决定是在本地还是远程分配任务。

BASS 是一种能根据网络带宽对 Task 进行调度的算法，Task 调度器会从 SDN 控制器处获取网络中可用带宽的信息，并结合该信息来优化 Task 的分布。TK_i 表示 Hadoop 工作中的任务 i；ND_j 表示 Hadoop 集群中的节点 j；SZ_i 表示将 TK_i 分配给 ND_j 时输入分割数据的大小；$TM_{i,j}$ 表示 TK_i 从数据源 $ND_{dataSrc}$ 到 ND_j 的数据移动时间；$TP_{i,j}$ 表示任务计算的时间；$TE_{i,j}$ 表示任务执行的时间；YI_j 表示 ND_j 空闲的时间；$YC_{i,j}$ 表示 TK_i 的完成时间；$BW_{j,k}$ 表示 ND_j 和 ND_k 之间的带宽；BW_{r1} 表示链路的实时可用带宽。基于以上符号，进行如下建模：

$$TM_{i,j} = SZ_i/BW_{dataSrc,j} \tag{9-1}$$

$$TE_{i,j} = TP_{i,j} + TM_{i,j} \tag{9-2}$$

$$YC_{i,j} = TE_{i,j} + YI_j \tag{9-3}$$

对于 map 或 reduce 任务 TK_i，目标函数是找到一个可以在集群的所有 n 个节点中产生最早完成时间的可用节点：

$$ND_j = \mathrm{argmin}_j YC_{i,j} \tag{9-4}$$

其中，$1 \leqslant j \leqslant n$。

然而，工作的全局视图方面的目标函数略有不同，需要找到最慢的映射或减少任务 TK_i 以最小化整个作业的完成时间：

$$YC_{i,j} = \mathrm{max} YC_{i,j}, \ 1 \leqslant i \leqslant m, \ 1 \leqslant j \leqslant n \tag{9-5}$$

其中，m 是作业的任务编号，n 是 Hadoop 集群的节点编号。

以上述模型为基础，如果本地的 YC_i 足够小，就意味着 Task 可以在本地马上得到处理，那么最好的方式就是直接在本地进行处理，以省去数据在网络中的传输时间。如果本地的 YC_i 较大，就意味着 Task 需要在本地等待很长的时间后才能进行处理，那么将 Task 调度到其他节点上进行处理可能会好一些。由于其他参数都可以看作固定的，因此带宽就成了是否需要调度到其他节点进行处理的决定性因素：如果可用的带宽足够大，很快就可以把数据传输到其他节点，处理可以先从本地节点开始，那么这时就应该调度到其他节点上；如果带宽不够，传输的时间会很长，那么就不如在本地等待处理。链路上的带宽按照 Time Slot 进行切分，一旦决定要把 Task 调度到其他节点上，那么在该 Task 传输的时间段内，路径上带宽的 Time Slot 就会预先分配给这个 Task，对其他 Task 进行调度时这些带宽就变为不可用了。

上面介绍的是使某一个 Task 完成时间最短的调度方法。这也是对 job 中所有的 Task 进行整体调度，是使得 job 完成时间最短方法的基础。由于 job 需要等到所有相关 Task 都完成后才能完成，因此最小化 Job Completion Time 的目标函数为：

$$minYC=maxYC_y \tag{9-6}$$

其中，YC 表示 job 所涉及各个 Task 的完成时间，YC_y 表示在某种整体调度方式中完成得最慢的 Task 的完成时间，那么使得 YC 最小的那个整体调度方式即最优。

9.6 软件定义数据中心网络案例

9.6.1 数据中心互联——Google B4 系统

9.6.1.1 背景简介

Google 的网络分为数据中心内部网络（IDC network）及骨干网（backbone network）。其中骨干网按照流量方向由两张骨干网构成，第一个是数据中心之间互联的网络（G-scale network），用来连接 Google 位于世界各地之间的数据中心，属于内部网络；第二个是面向 Internet 用户访问的网络（I-scale network）。Google 选择使用 SDN 来改造数据中心之间互联的网络（G-scale network），因为这个网络相对简单、设备类型以及功能比较单一，而且网络链路成本高昂（比如很多海底光缆），所以对其的改造可以使得建设成本和运营成本的收益非常显著。

Google 的数据中心之间传输的数据可以分为以下三大类。

- 用户数据备份，包括视频、图片、语音和文字等。
- 远程跨数据中心存储访问（当计算资源和存储资源分布在不同的数据中心）。

- 大规模的数据同步（为了分布式访问和负载分担）。

这三大类从前往后数据量依次变大，对时延的敏感度依次降低，优先级依次变低。

这些都是 B4 网络改造中涉及的流量工程部分所要考虑的因素。促使 Google 使用 SDN 改造数据中心间网络的最大原因是当前连接数据中心网的链路带宽利用率很低。网络的出口设备有上百条对外链路，分成很多的 ECMP 负载均衡组，在这些均衡组内的多条链路之间用的是基于静态哈希的负载均衡方式。由于静态哈希的方式并不能做到完全均衡，为了避免很大的流量都被分发到同一个链路上而导致丢失分组，Google 不得不使用过量链路，提供比实际需要多得多的带宽，这导致实际链路带宽利用率只有 30%~40%，且仍不可避免有的链路很空，有的链路产生拥塞，设备必须支持很大的分组缓存，成本太高，而且也无法对上文中不同的数据区别对待。从一个数据中心到另外一个数据中心，中间可以经过不同的数据中心，比如可以是 A→B→D，也可以是 A→C→D，也许有的时候 B 很忙，C 很空，路径不是最优。除此之外，增加网络可见性、稳定性，简化管理以及希望靠应用程序来控制网络，都是本次网络改造的动机。以上原因也决定了 Google 这个基于 SDN 的网络，最主要的应用是流量工程，最主要的控制手段是软件应用程序。

9.6.1.2　技术框架

虽然该网络的应用场景相对简单，但用来控制该网络的这套系统并不简单，它充分体现了 Google 强大的软件能力。这个网络一共分为 3 个层次，如图 9-15 所示，分别是物理设备（switch hardware）层、局部网络控制（site controller）层和全局控制（global）层。一个 site 就是一个数据中心。第一层的物理交换机和第二层的 controller 在每个数据中心的内部出口的地方都有部署，而第三层的 SDN 网关和 TE 服务器则是在一个全局统一的控制池中。

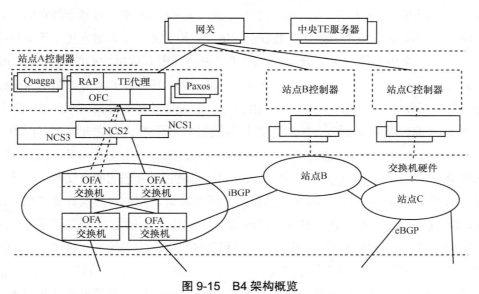

图 9-15　B4 架构概览

（1）物理设备层

第一层的物理交换机是使用 24 片 16×10 GB 的芯片搭建的一个 128 个 10 GB 端口的交换机。交换机里运行了 OpenFlow 协议，但它并非仅仅使用一般的 OpenFlow 交换机最常使用的 ACL 表，而是用了 TTP 的方式，包括 ACL 表、路由表和 Tunnel 表等。但向上提供的是 OpenFlow 接口，只在内部做了包装。这些交换机会把 BGP/IS-IS 协议报文送到 controller 供 controller 处理。TTP（table typing pattern）是 ONF 的 FAWG 工作组提出的一个在现有芯片架构的基础上包装出 OpenFlow 接口的一个折中方案。TTP 想要达到的目的是要利用现有芯片的处理逻辑和表项组合出 OpenFlow 想要达到的功能，当然不可能是所有功能，只能是部分。

（2）局部网络控制层

第二层最为复杂，每个数据中心出口处并不是只有一台服务器，而是有一个服务器集群，每个服务器上都运行了一个 controller，一台交换机可以连接到多个 controller，但只有一个处于工作状态。一个 controller 可以控制多台交换机，一个名叫 Paxos 的程序进行 leader 选举（即选出工作状态的 controller）。对于控制功能 A，可能选举 controller 1 为 leader；而对于控制功能 B，则有可能选举 controller 2 为 leader。这里说的 leader 就是 OpenFlow 标准里面的 master。Google 用的 controller 是由基于分布式的 Onix controller 改造来的。Onix 是 Nicira、Google、NEC 和加州大学伯克利大学的一些人一起参与设计的，由 Nicira 主导。这是一个分布式架构的 controller 模型，被设计用来控制大型网络，具有很强的可扩展性。它通过引入 control logic（控制逻辑，可以认为是特殊的应用程序）、controller 和物理设备三层架构，每个 controller 只控制部分物理设备，并且只将汇聚过后的信息发送到逻辑控制服务器，逻辑控制服务器了解全网的拓扑情况来达到分布式控制的目的，从而使整个方案具有高度可扩展性。显而易见，这个架构非常适合 Google 的网络，对每个特定的控制功能（比如 TE 或者 Route），每个 site 有一组 controller（逻辑上是一个）用来控制该数据中心网的交换机，而一个中心控制服务器运行控制逻辑来协调所有数据中心的所有 controller。controller 上的 RAP（routing application proxy）作为 SDN 应用跟 Quagga 通信。Quagga 是一个开源的三层路由协议栈，支持很多路由协议，Google 使用了 BGP 和 IS-IS。其中 RAP 和数据中心内部的路由器运行 eBGP，跟其他数据中心里的设备之间运行 iBGP。Onix controller 收到下面交换机送上来的路由协议报文以及链路状态变化通知时，自己并不处理，而是通过 RAP 把它送给 Quagga 协议栈。controller 会把它所管理的所有交换机的端口信息都通过 RAP 告诉 Quagga，Quagga 协议栈管理了所有端口。Quagga 协议计算出来的路由会在 controller 里面保留一份（放在 NIB（network information base）里，类似于传统路由中的 RIB，而 NIB 是 Onix 里的概念），同时会下发到交换机中。路由的下一跳可以是 ECMP，即有多个等价下一跳，通过哈希算法选择一个出口，这是最标准的传统路由转发。controller 上运行的 TE agent 负责和全局的 gateway 通信。每个 OpenFlow 交换机的链路状态（包括带宽信息）会通过 TE agent 送给全局的 gateway，gateway 汇总后，送给 TE server 进行路径计算。

（3）全局控制层

第三层中，全局的 TE server 通过 SDN gateway 从各个数据中心的控制器收集链路信息，从而掌握路径信息。这些路径被以 IP-in-IP tunnel 的方式创建而不是 TE 最经常使用的 MPLS tunnel，通过 gateway 发送到 Onix controller，最终下发到交换机中。如图 9-16 所示，当一个新的业务数据要开始传输时，应用程序会评估该应用所需要耗用的带宽，为它选择一条最优路径（如负载最轻的但非最短路径，因为最短路径虽不丢失分组但时延大），然后把这个应用对应的流通过 controller 安装到交换机中，并跟选择的路径绑定在一起，从而整体上使链路带宽利用率达到最优。对带宽的分配和路径的计算是 Google 本次网络改造的主要目标，也是亮点所在。最理想的情况当然是能够基于特定应用程序来分配带宽，但那样会导致流表项是一个天文数字，既不可能也无必要。Google 采用的做法是：基于｛源数据中心，目的数据中心，QoS｝来维护流表项，因为同一类应用程序的 QoS 优先级（DSCP）都是一样的，所以这样做就等同于将所有从一个数据中心发往另外一个数据中心的同类别的数据汇聚成一条流。注意：单条流的出口并不是一个端口，而是一个 ECMP 组，芯片转发时，会从 ECMP 组里根据哈希算法选取一条路径转发出去。

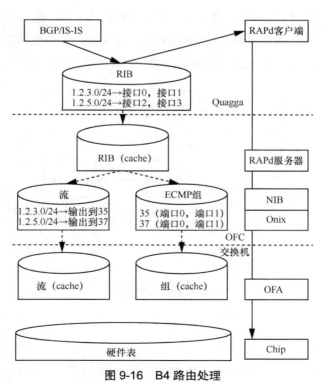

图 9-16　B4 路由处理

划分出流之后，根据管理员配置的权重、优先级等参数，使用一个叫作 bandwidth（带宽）的函数计算出要为这条流分配多少带宽。为了公平起见，带宽分配是有最小带宽和最大带宽的。TE 算法有两个输入源，一个是 controller 通过 SDN gateway 报上来的拓扑和链路情况；另一个就是 bandwidth 函数的输出结果。TE 算法要考虑多种因素，不仅仅是需要多少带宽这么简单。TE server 将计算出来的每个流映射到某个 tunnel，并且将分配若干带宽的信息通过 SDN gateway 下发到 controller，再由 controller 安装到交换机的 TE 转发表（ACL）中，这些转发表项的优先级高于 LPM 路由表。图 9-17 是 Google 的 TE 架构。TE 和 BGP 都可以为一条流生成转发路径，但 TE 生成的路径放在 ACL 表中，BGP 生成的路径放在路由表（LPM）中，报文如果匹配到 ACL 表项，会优先使用 ACL，匹配不到才会用路由表的结果。一台交换机既要处理从内部发送到别的数据中心的数据，又要处理从别的数据中心发送到本地数据中心内部的数据。对于前者，需要使用 ACL flow 表来进行匹配查找，将报文封装在 tunnel 里转发出去，转发路径是 TE 指定的，是最优路径。而对于后者，则是解封装之后直接根据 LPM 路由表转发。还有路过（从一个数据中心经过本数据中心到另外一个数据中心）的报文，这种报文也是通过路由表转发的。这种基于优先级的 OpenFlow 转发表项的设计还有一个很大的好处，就是 TE 和传统路由转发可以独立存在，这也是 B4 网络改造可以分阶段进行的原因。可以先用传统路由表，后面再把 TE 叠加上来。而且，以后不想用 TE 时，可以直接禁止 TE，不需要对网络进行任何改造。SDN gateway 封装了 OpenFlow 和交换机的实现细节，对 TE server 来说看不到 OpenFlow 协议以及交换机的具体实现。将 controller 报上来的链路状态、带宽、流信息经过抽象之后送给 TE server。TE server 下发的转发表项信息经过 SDN gateway 的翻译之后，通过 controller 送给交换机，安装到芯片转发表中。

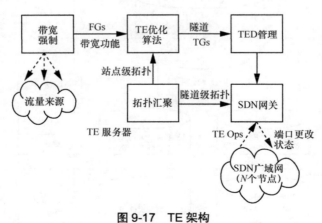

图 9-17　TE 架构

9.6.1.3　案例讨论

Google 的部署分为 3 个阶段：第一阶段在 2010 年春天完成，把 OpenFlow 交换机引入网络里，但这时 OpenFlow 交换机对同网络中的其他非 OpenFlow 设备表现得就像是传统交换机一样，只是网络协议都是在 controller 上完成的，从外部来看表现得仍然像传统网络。第二阶段是在 2011 年年中完成的，这个阶段将更多流量引入 OpenFlow 网络中，并且开始引入 SDN 管理，让网络开始向 SDN 演变。第三个阶段在 2012 年年初完成，整个 B4 网络完全切换到了 OpenFlow 网络上，引入了流量工程，完全靠 OpenFlow 来规划流量路径，对网络流量进行了极大的优化。为了对这个方案进行充分测试，Google 运用了其强大的软件能力，用软件模拟了整个 B4 网络拓扑和流量。

经过改造之后，链路带宽利用率提高了 3 倍以上，接近 100%，链路成本大大降低，这也是当初最主要的目标。另外的收获还包括网络更稳定；对路径失效的反应更快；管理大大简化；交换机不再需要使用大的分组缓存，对交换机的要求降低。Google 认为 OpenFlow 的能力已得到验证和肯定，包括很清楚地看到整个网络的视图，可以更好地做 Traffic Engineering（流量工程），从而更好地进行流量管控和规划以及路由规划，能够清楚地了解网络里发生的事情，包括监控和报警，超出了其最初的期望。B4 这个基于 SDN 的网络改造项目影响非常大，对 SDN 的推广有着良好的示范作用。这个案例亮点极多，总结如下。

这是第一个公开的使用分布式 controller 的 SDN 应用案例，让更多的人了解到分布式 controller 如何协同工作以及工作的效果如何。它证明了即使是在 Google 这种规模的网络中，SDN 也完全适用，尽管这不能证明 SDN 在数据中心内部也能用，但至少可以证明它可以用于大型网络。只要技术得当，可扩展性问题也完全可以解决。QoS 流量工程一直是很多数据中心以及运营商网络的重点之一，Google 这个案例给大家做了一个很好的示范。在 Google 之后，又有不少数据中心使用 SDN 技术来解决数据中心互联的流量工程问题，比如美国的 Vello 公司跟国内的盛科网络合作推出的数据互联方案就是其中之一，虽然没有 Google 那么复杂，但也足以满足其客户的需要。

这个案例也演示了如何在 SDN 环境中运行传统的路由协议，让大家了解到，SDN 也并不都是静态配置的，也会有动态协议。在案例中，软件起到了决定性的作用，从应用程序到控制器，再到路由协议以及整个网络的模拟测试平台，都离不开 Google 强大的软件能力。它充分展示了在 SDN 时代，软件对网络的巨大影响力以及它所带来的巨大价值。Google 的 OpenFlow 交换机使用了 TTP 的方式而不是标准的 OpenFlow 流表，但在接口上仍然遵循 OpenFlow 的要求，它有力地证明了要支持 SDN，或者说要支持 OpenFlow，并不一定需要专门的 OpenFlow 芯片，包装一下现有的芯片，就可以解决大部分问题，不需要推翻现有芯片架构，重新设计一颗所谓的 OpenFlow 芯片。

B4 实现了 controller 之间的选举机制，OpenFlow 标准本身并没有定义如何选举，这个案例在这方面做了尝试。

但是，OpenFlow 仍然存在需要提高改进的地方：OpenFlow 协议仍然不成熟；master controller（或者 leader）在选举和控制面的责任划分方面仍面临很多挑战；对于大型网络流表项的下发会速度比较慢；对哪些功能要留在交换机上、哪些要移走还没有一个很科学的划分。

9.6.2　数据中心内部——AAN–SDN 案例

Hadoop 已成为大数据分析的事实标准，特别是对于使用 MapReduce 框架的工作负载。但是，如果 Hadoop 节点聚集在几个地理位置分散的位置上，Hadoop 中缺少对默认 MapReduce 资源管理器的网络感知会导致不平衡的作业调度及网络瓶颈，并最终增加 Hadoop 运行时间。

MapReduce 框架 Hadoop 集群包括一个主节点来管理集群的元数据，例如 Hadoop 文件系统（HDFS）和资源管理器，如 YARN[28]，它管理每个提交的 MapReduce job 的 JobTracker 和 TaskTracker，指定从节点执行运算任务。Hadoop 集群通常部署在封闭和控制环境中，例如企业或园区数据中心（DC）。Hadoop MapReduce 是一个分布式并行计算框架，运行在 Hadoop 文件系统（HDFS）之上。典型的 MapReduce 程序由各种 mapper 和 reducer 函数之间的混合操作组成。

图 9-18 显示了 MapReduce 的工作流程。job 提交后，输入数据分成数据块。mapper 和 reducer 函数的数量对决定 MapReduce 作业在 Hadoop 集群上的运行方式起着至关重要的作用。Task 运行（这一过程被称为 shuffle）时会产生关键数据传输，具体表现为 map 函数的输出被传送至 reduce 函数完成最终的处理，shuffle 阶段的完成速度会影响整个 job 的完成时间。总结了 Hadoop 集群中可能出现的各种流量模式：

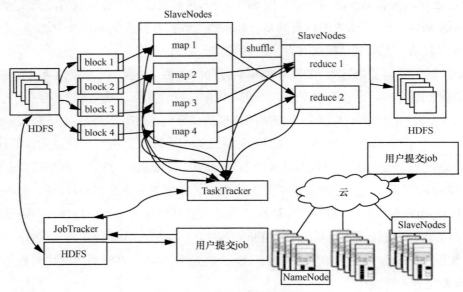

图 9-18　MapReduce 工作流程

- HDFS 管理，例如集群运行状况检查；
- 文件从 HDFS 读取和写入，例如数据复制、MapReduce 输入和输出以及群集平衡；

- 数据节点之间的数据混洗；
- TaskTracker 之间的交互，例如从 mapper 到 reducer 函数的数据混洗以及最终输出的数据写回 HDFS。

在使用资源运行 MapReduce 作业来管理 Hadoop 集群以充分了解 Hadoop 流量时，必须考虑很多因素。关键元素总结如下。

（1）块大小和分割大小

Hadoop 使用块和 split 大小来控制在运行 MapReduce 作业时 split 和使用的块数。

（2）块复制因子

Hadoop 使用这种方法来防止常见硬件故障而导致的数据丢失。

（3）硬件资源的物理配置

包括 CPU、内存、硬盘容量、互联网络链路速度和从节点数。

（4）Java 虚拟机（JVM）

Hadoop 使用 JVM 来完成作业，可以为每个创建的 JVM 分配资源数，主要是 CPU 和内存。因为创建和终止这些资源需要时间，所以使用 JVM 的宗旨是更少的映射器，这导致创建更少的 JVM 和更少的终止时间。但是，必须通过为已提交的作业提供足够的资源来实现这一点。

（5）Hadoop 集群拓扑

如何在 Hadoop 集群中部署从设备至关重要，并且取决于为主节点和从数据节点之间分配的网络带宽。

（6）其他 Hadoop 性能调优方法

其他因素，如文件数、文件大小、JVM 重用和组合器对 Hadoop 性能调优也很重要。在传统的 IP 网络设置中，现有的 Hadoop 资源分配算法[2-4]在假设网络没有拥塞且在特定的时间范围内完成作业的情况下表现良好。但是，当 job 运行期间网络变得拥挤时，如果没有及时执行流量优化，则 Hadoop 主服务器和系统管理员对 job 运行时的控制较少。

下面提出的基于 AAN（application-aware network）的 SDN 具体解决方案是 Zhao 等[28]在 2016 年初步提出的，并进行了完善，在 GENI（Global Environment for Network Innovation）平台上模拟技术实现。GENI 是由美国国家科学基金（NSF）支持、众多研究机构主导，为设计和研究新的网络体系结构而启动的项目。GENI 致力于为研究人员提供一个通用的实验平台，以支持下一代互联网的研究、开发和部署。GENI 的目标是在网络和分布式系统的研究中强化实验测试研究，加速从试验到工业产品和服务的转化过程，同时，为下一代互联网的研究提供支持。

从底层到顶层，提出的架构将设计分为 3 个主要部分，如图 9-19 所示。

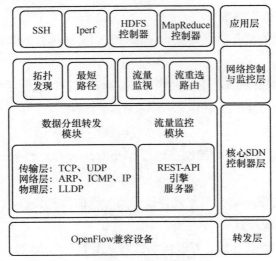

图 9-19　技术架构

（1）核心 SDN 控制器层

在核心 SDN 层实现了两个网络模块：数据分组转发模块和流量监控模块。在数据分组转发模块中，在物理网络层中实现了包括链路层发现协议（LLDP）的网络主要转发功能。在网络控制层实现了 Internet 控制消息协议（ICMP）消息的转发功能，这是反馈可能阻止数据分组传送的网络问题的关键机制。SDN 的灵活性构建了新的物理层泛洪避免机制，例如地址解析协议（ARP）。在流量监控模块中，实施了轻量级 REST-API 服务，以主动获取全局网络信息，例如每个转发设备的端口流量、流量安装/修改以及受管时间间隔内的流量详细信息。将 REST-API 设计为轻量级，不会为 SDN 控制器带来额外的开销。一个 Apache Web 服务器从 REST-API 获取数据并聚合流量详细信息，以提供任何流量警报和流量工程（TE）建议。

ARP 解析算法

数据： ARP 流 ARP_r

结果： ARP 处理决策

　　　　（转发/阻塞/不做处理）

每个连接交换机的 ARP 初始化；

读取进入的 ARP 数据分组：arp；

如果 arp 是 ARP 广播　then

　　如果 arp 缓存为空　then

　　　　添加到 ARP 缓存的 arp 条目；

　　　　给 arp 条目添加过期计时器；

　　　　淹没这个数据分组；

　　否则

如果 arp 存在，那么

　　如果 arp 条目计时器<=ARP 计时器，那么

　　　　更新 arp 条目计时器；

　　　　不淹没 arp 数据分组；

　　否则

　　　　更新 arp 条目计时器；

　　　　淹没 arp 数据分组；

　　终止；

否则

　　如果 arp 来自与现有 arp 条目不同的端口，那么

　　　　不淹没 arp 数据分组；

　　否则

　　　　添加到 ARP 缓存的 arp 条目；

　　　　给 arp 条目添加过期计时器；

　　　　淹没这个数据分组；

　　终止；

　终止；

终止

否则

　　转发 ARP 请求/答复数据分组；

终止

（2）网络控制和监控层

在网络控制和监控层中发现全局网络拓扑，采用自适应流量工程方法，通过最短路径算法来计算每对路径，网络节点/主机按需。使用 REST-API 服务的流量监视器组件部署在核心 SDN 控制器层中，主动地从网络中提取网络流量信息。如果存在任何预定义的流量优先级违规，则使用流重选路由组件的流量可能会重新选择路由。当相同路由上的后台流量通过自适应流量工程使路径上的一些链路过饱和时，可能发生流路由重选。为此，SDN 控制器实时重新计算第二个最短路径并为路由应用程序的流量重新选择路由。

（3）特定应用层

在应用层中实现了基于端口号的应用识别功能（例如端口 22 默认用于远程 secure shell（SSH））。在受控网络中，可以通过 SDN 控制器读取的单独配置文件来管理/更改端口号。Hadoop 应用程序实现了 HDFS 和 MapReduce 控制组件，以指示如何相应地安装有关 Hadoop 文件操作和作业分配的流程。SDN 控制器支持的各种组件的模块化有助于网络管理员实现对不同的 SDN 控制器进行单独管理。在此受控测试环境中，多

个应用程序可以与单独的配置文件一起运行。SDN 控制器的监控和管理模块可以根据这些配置文件控制网络流量。例如，如果应用程序运行时应用程序的端口号或 IP 地址发生更改，则 SDN 控制器可以实时修改并继续监视和控制网络流，而不会出现任何修改时延。与传统的 IP 网络管理系统相比，该方法为应用程序监控和管理提供了一种简洁明了的方法。

设备网络配置如图 9-20 所示，完成 Hadoop 和 HiBench 配置后，SDN 控制器开始运行 Hadoop MapReduce job。当这些 job 运行时，SDN 控制器将根据应用程序类型安装流程并相应地收集网络流量信息。

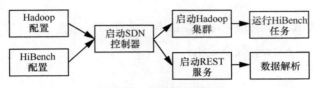

图 9-20　设备网络配置

它们在 GENI testbed[15]平台上部署了基于 SDN 的 Hadoop 和 HiBench[10]环境。HiBench 是一个大数据基准测试套件，可帮助评估速度、吞吐量和系统资源利用率等。HiBench 基准测试套件中的 Hadoop MapReduce 工作负载包括许多应用程序，如 Sort、WordCount、SQL 和 PageRank。

作为支持云计算和大数据快速发展的基础性关键技术，数据中心网络的核心地位越来越凸显，而 SDN 技术已经成为数据中心网络的关键解决方案。将 SDN 技术应用到数据中心组网中以构建软件定义数据中心网络体系，主要功能优势包括以下 3 个方面。

（1）集中高效的数据中心网络管理和运维方式

SDN 技术能够很好地将数据中心网络资源、计算资源和存储资源等进行统一调度和集中管理，集中管理方式和转发平面与控制平面分离的特点简化了管理人员的工作量，避免使用命令行来操作网络中的各种设备，取而代之的是使用软件定义控制器对网络设备进行智能化管理；使其具有更灵活的业务提供能力和快速部署能力，有利于提高整体资源利用率。

（2）灵活的组网方式和多路径转发机制

通过 SDN 控制协议，如 OpenFlow 协议，下发转发规则。控制器根据业务的需求对流表进行控制以实现负载均衡和多路径转发，这大幅提高了数据中心网络的可靠性和利用率。

（3）更低的建设和运维成本

可以将过去集成式的购买数据中心网络的解决方案转变为按需购买的方式，而不用担心不同品牌的转发设备会导致管理困难的问题。另外，过去的网络需要联合使用转发设备、监控设备和安全设备等，接口管理非常复杂，软件定义数据中心网络能够简化设备配置工作，最终节约了运维的成本。

参考文献

[1]　于洋. 新型数据中心组网架构及关键技术研究[D]. 北京: 北京交通大学, 2018.

[2]　YU Y, LIANG M, LIU Z. An optimized node-disjoint multipath routing scheme in mobile ad hoc[J]. International Journal of Modem Physics C, 2016, 27(7): 1650080.

[3]　逄俊杰. 软件定义数据中心网络管理研究[D]. 吉林: 吉林大学, 2017.

[4]　KANDULA S, SENGUPTA S, GREENBERG A. The nature of data center traffic: measurements & analysis[Z]. 2009.

[5]　BENSON T, AKELLA A, MALTZ D A. Network traffic characteristics of data centers in the wild[Z]. 2010.

[6]　SINGH A. Jupiter rising: a decade of CLOS topologies and centralized control in Google's datacenter network[J]. ACM SIGCOMM Computer Communication Review, 2015, 45(4): 183-197.

[7]　AL-FARES M, LOUKISSAS A, VAHDAT A. A scalable, commodity data center network architecture[Z]. 2008.

[8]　DEAN J, GHEMAWAT S. MapReduce: simplified data processing on large clusters[J].Communications of the ACM, 2008, 51(1): 107-113.

[9]　ISARD M, BUDIU M, YU Y. Dryad: distributed data-parallel programs from sequential building blocks[Z]. 2007.

[10] SREEKUMARI P, JUNG J I. Transport protocols for data center networks: a survey of issues, solutions and challenges[J]. Photonic Network Communications, 2016, 31(1): 112-128.

[11] 肖鹏. 数据中心下软件定义网络的部署及应用[D]. 大连: 大连海事大学, 2016.

[12] WANG X. Predicting inter-data-center network traffic using elephant flow and sublink information[J]. IEEE Transactions on Network & Service Management, 2017, 13(14): 782-792.

[13] LONG H, SHEN Y, CUO M Y, et al. LABERIO: dynamic load-balanced routing in OpenFlow-enabled networks[C]//Proceedings of IEEE Advanced Information Networking and Applications Conference. Piscataway: IEEE Press, 2013: 290-297.

[14] ZHONG X, RONG H. Performance study of load balancing algorithms in distributed Web server systems[R]. 2009.

[15] HANDIGOL N, SEETHARAMAN S, FLAJSLIK M. Plug-n-serve: load-balancing Web traffic using OpenFlow[Z]. 2009.

[16] WANG R, BUTNARIU D, REXFORD J. OpenFlow-based server load balancing gone wild[Z]. 2011.

[17] LAN Y L, WANG K, HSU Y H. Dynamic load-balanced path optimization in SDN-based data center networks[Z]. 2016.

[18] UMME Z, YEDDER H B. Dynamic load balancing in SDN-based data center networks[Z]. 2017.

[19] OpenFlow switch specification version1.5.0 accessed[Z]. 2017.

[20] WANG Y C, YOUN S Y. A efficient route management framework for load balance and overhead reduction in SDN-based data center networks[J].IEEE Transactions on Network and Service Management, 2018.

[21] TAIMUR H. Detection and mitigation of congestion in SDN enabled data center networks: a survey[J]. IEEE Access, 2018: 1730-1740.

[22] GREENBERG A, HAMILTONJ R, JAIN N. VL2: a scalable and flexible data center network[Z]. 2009.

[23] HWANG J Y. Scalable congestion control protocol based on SDN in data center networks[Z]. 2016.

[24] LU Y F. SDTCP: towards datacenter TCP congestion control with SDN for IoT applications[J]. Sensors, 2017: 109.

[25] SIMON J, PERKINS C, PEZAROS D. OTCP: SDN-managed congestion control for data center networks[Z]. 2016.

[26] LI Z, SHE N Y, YAO B. OFScheduler: a dynamic network optimizer for MapReduce in heterogeneous cluster[Z]. 2013.

[27] ABDELMONIEM A M, BENSAOU B. SDN-based incast congestion control framework for data centers: implementation and evaluation[R]. 2016.

[28] ZHAO S, SYDNEY A, MEDHI D. Building application-aware network environments using SDN for optimizing Hadoop applications[Z]. 2016.

[29] QIN P. Bandwidth-aware scheduling with SDN in Hadoop: a new trend for big data[J]. IEEE Systems Journal, 2014(99): 1-8.